U0152225

自序

　　投資並不如想像中容易，你要有充分的時間去累積投資經驗，足夠的金錢進行實戰買入股票，就算買入了仍然要承受心理上的壓力和煎熬，曾經作為散戶的我非常明白大家投資時的心情。筆者亦曾和不同的讀者分享投資經驗，發覺當中好多人輸錢在於策略和心態。常言道態度決定你的高度，從小爸爸媽媽一定會叫我們要儲錢，基本上香港人的模式就是從小朋友開始就要從不斷的競爭裡成長，從小學開始就要參加一堆興趣班去增長你的知識和學習能力。筆者從小的時候就被媽媽逼去學琴、學跳舞、學英文，為的就是父母希望你能夠成材。

　　但無論你是從事那一方面的行業和工作，只要肯花時間和努力總會成為該行業的專才，有人說只要投資 1000 小時在任何行業之中發展，你就能夠成為該行業的專家了。在投資的人生道路也一樣，筆者從十八歲始開始買賣股票，至今也有將近十年的時間，當中亦不能說一帆風順，有起有跌，有贏過大錢亦有輸過，才能夠成為今日受眾多朋友所注目的爆股策略王，亦是筆者路逍遙本人。

目錄

爆股策略王的初衷

爆股策略王是由路逍遙於 2015 年成立，當時成立的目的是為了令更多的觀眾提供一個綜合財經平台，透過自身在股票市場浸淫的經歷，集合多年以來自身在股票市場投資的經驗，希望能夠幫助一眾小股民在市場上避開一些莊家陷阱，一些市場的潛規則，替各位讀者及小股民能夠在變化多端的市場環境下仍能發掘一些能夠獲利三成以上的爆升股。

坊間對於股票投資有不同的學說，不同的派系，林林總總股票分析的方法，由最容易入手的基本分析、圖表分析、技術分析等等；但顯而易見套用呢幾種分析的方法而投資的股票往往需要時間等待，而市場上的炒作以致升幅都係由人為所造成，所以套用在炒股的理論上一定要快、狼、準，而筆者選股的選股優勢在於以財投分析作為主軸，再配合以上各種分析作為選股的標準，簡單來說就是集百家所長於一身，但要做齊以上幾件事情絕不容易。

尤記得當年第一隻買入的股票是中國銀行 (3988)，當時是因為收到朋友的市場消息而買入，亦是見到很多讀者因為收到市場消息或朋友貼士而買入股票，但買入前一定要自己先進行分析，因為就算要輸起碼都要知道原因，汲取經驗避免下次重覆犯錯。

　　自己首次的投資用了數萬元買入股票，幸好那次經歷最終輕微獲利離場，相對時下很多年輕人說儲錢很難，但如果你不嘗試儲錢如何有第一筆的投資基金呢。自從得到那次投資的經驗後，筆者更加醉心於股票投資上面，因為投資股票能夠令我獲到成功的快感。

路逍遙過往投資紀錄

　　根據路逍遙過往半年的投資策略，平均總回報率為
(+98.25%)，而信奉價值投資的股神巴菲特，平均年回
報率僅為 (+21%)，筆者能夠用少一半時間贏多五倍利
潤，主因在於選股的策略上，挑選一些具有爆發力的爆
升股或是憧憬賣殼概念的股份，往往可以為你的資產組
合有一個倍升的增值，當然注碼的控制亦非常重要，通
常筆者會鎖定十隻以內的股票，再觀看近期市場熱炒的
概念，買入五隻最具潛質的股票，有時侯買入即日已經
有升幅，除了睇得準仍要買得狠先能夠賺盡升幅。

　　如果你半年前有 50 萬的本金，今日已經變成百萬富
翁了，假若你半年前只得 20 萬本金，但又有追隨路逍
遙的專頁，今日已經夠俾一層樓的首期了。

　　筆者並不是否定價值投資的好處，但當沙田第一城
呎價破一萬的時候，你覺得仲有幾多時間可以等？每一
個等待都係損失時間成本，機會從來都係錯過左就無，
在乎你能否把握得到。

路逍遙買入股票的升幅

2016 全年度爆升股王

至卓國際 (2323) 分析後錄得超過八倍升幅 (+800%)
海天天線 (8227) 分析後錄得超過七倍升幅 (+700%)

短炒爆升股

Facebook 撰寫中國互聯網投資 (810) 當時股價 0.50 三天後升至 0.68 升幅 (+36%)
Facebook 撰寫寧波萬豪 (8249) 當時股價 0.54 一天後升至 0.65 升幅 (+20%)
Facebook 撰寫互益集團 (3344) 當時股價 0.38 一天後升至 0.445 升幅 (+17%)
Facebook 撰寫普匯中金國際 (997) 當時股價 0.040 兩天後升至 0.063 升幅 (+58%)
Facebook 撰寫大中華集團 (141) 當時股價 1.90 五天後升至 3.490 升幅 (+84%)

2O16 年全年倍升股

全民媒體撰寫 REF HOLDINGS LTD(8177) 當時股價 0.54 最高價 2.15 升幅 (+298%)
全民媒體撰寫飛尚非金屬 (8331) 當時股價 0.40 最高價 2.02 升幅 (+405%)
Facebook 撰寫 FIRST CREDIT(8215) 當時股價 0.145 最高價 0.64 升幅 (+341%)
Facebook 撰寫宇恆供應鏈 (8047) 當時股價 0.074 最高價 0.485 升幅 (+555%)
Facebook 撰寫富譽控股 (8269) 當時股價 0.051 最高價 0.109 升幅 (+114%)

2016 年第四季投資回報

8/18 Facebook 撰寫互益集團 (3344) 當時股價 0.38 最高價 1.43(+276%)
9/8 Facebook 撰寫文化地標投資 (674) 當時股價 0.33 最高價 0.69 升幅 (+109%)
9/20 Facebook 撰寫中國家居 (692) 當時股價 0.11 最高價 0.60 升幅 (+445%)
10/13 Facebook 撰寫中國海景 (1106) 當時股價 0.136 最高價 0.238 升幅 (+75%)
10/16 Facebook 撰寫嘉瑞國際 (822) 當時股價 0.52 最高價 0.66 升幅 (+27%)
10/26 Facebook 撰寫榮暉國際 (990) 當時股價 0.209 最高價 0.385 升幅 (+84%)
11/8 Facebook 撰寫順龍控股 (361) 當時股價 0.295 最高價 0.445 升幅 (+51%)
11/29 Facebook 撰寫眾彩股份 (361) 當時股價 0.30 最高價 0.94 升幅 (+213%)

有望成為下一隻騰訊 2.0

美圖秀秀能夠創造神話嗎？

美圖公司 (1357) 於 2016 年 12 月 15 日上市，當時每股的發售價為港幣 8.50 元。

美圖的業務主要分為兩大類；分別為設計研發及銷售美圖手機及互聯網服務包括六款流動應用程式如美圖秀秀、美顏相機等等。

適逢二十一世紀人人愛美的觀念，基本上一機在手選取美圖的應用程式拍照可以讓你視覺上變得更年輕，不但在中國而且在海外亦擁有 4 億人次的用戶，所以在於龐大的用戶滲透率令集團有一個高速增長幅度，市場亦曾吹捧為美圖公司 (1357) 有望成為下一隻騰訊 (700)，但筆者認為現時言之尚早，仍然有待時間的驗證。

事實上以長線投資者的價值而言，過往除了靠內地的騰訊 (700) 能夠一支獨大支撐港股外，香港本身的股票亦甚少能夠長期持有讓財富慢慢累積。也許舊經濟模式的行業如銀行、工業、基建、航運，股價增長的幅度

遠遠不及新經濟模式的行業如科技、新能源，所以如果繼續將舊有的觀念沿用於現時股市之上，在投資上面將會是非常吃虧。基本上十年之前係無人會鑽研殼股、細價股，只因為上市地位所具有的價值，主板殼價幾年內上升一倍至 7 億元，亦衍生出啤殼上市的營運模式，隨著內地證監收緊新企業於中國 IPO 上市，以致不少內地企業透過香港的管道借殼上市。而美圖秀秀能否為港股創造另一個奇跡就要大家放長雙眼等待！

滬港通揭開序幕

　　過去香港投資者只能夠透過一些特定計劃,例如合格境外機構投資者(QFII)及人民幣合格境外機構投資者(RQFII)下的投資產品,例如基金及ETF,投資內地股市,但相對亦限制投資者不能直接參與內地股票的買賣。

　　因此內地和香港於2014年開始攜手建立股市互聯互通機制,首先是滬港通於2014年尾正式開通,深港通亦於兩年後緊隨開通。滬港通和深港通開闢了一條跨境買賣股票的渠道,打破過去兩地投資者不能直接買賣對方股市個股的情況。香港和海外投資者只要透過有參與機制的本港經紀行或銀行,就可以直接買賣指定範圍內的滬深A股。

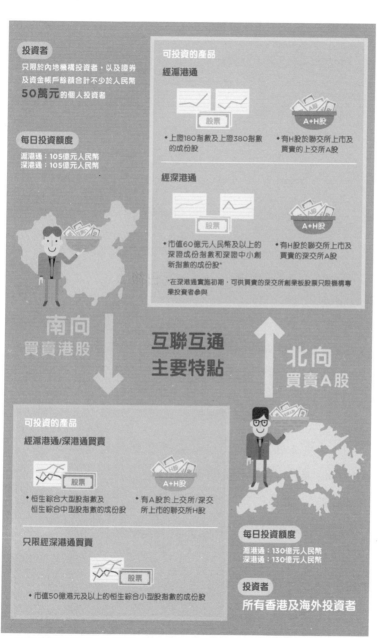

投資者

只限於內地機構投資者，以及證券及資金帳戶餘額合計不少於人民幣 **50萬元** 的個人投資者

每日投資額度

滬港通：105億元人民幣
深港通：105億元人民幣

可投資的產品

經滬港通

股票   A+H股

• 上證180指數及上證380指數的成份股
• 有H股於聯交所上市及買賣的上交所A股

經深港通

股票   A+H股

• 市值60億元人民幣以及以上的深證成份指數和深證中小創新指數的成份股*
• 有H股於聯交所上市及買賣的深交所A股

*在深港通實施初期，可供買賣的深交所創業板股票只限機構專業投資者參與

南向
買賣港股

互聯互通主要特點

北向
買賣A股

可投資的產品

經滬港通/深港通買賣

股票   A+H股

• 恒生綜合大型股指數及恒生綜合中型股指數的成份股
• 有A股於上交所/深交所上市的聯交所H股

只限經深港通買賣

股票

• 市值50億港元及以上的恒生綜合小型股指數的成份股

每日投資額度

滬港通：130億元人民幣
深港通：130億元人民幣

投資者

所有香港及海外投資者

註：北向買賣的可投資產品中，不包括所有以人民幣以外貨幣報價的滬股/深股，以及所有被實施風險警示的滬股/深股；
南向買賣的可投資產品中，不包括所有以港幣以外貨幣報價的港股，以及所有被實施風險警示的滬股/深股的相應H股。

•
有望成為下一隻騰訊2.0

經滬港通內地投資者買賣恆生綜合大型股指數及恆生綜合中型股指數的成分股

經滬港通香港及海外投資者買賣上證 180 指數及上證 380 指數的成分股

內地上市的 A 股跟香港上市的 H 股最主要分別為

(1) 內地市場有漲跌停板制度

(2) 內地股市規定投資者帳戶必須持有股票才能沽貨，則要待買入股份交易日後 1 日（T+1 才能賣出）

(3) 港股可以即日買賣股份（T+0 賣出），待交易日後 2 日（T+2 結算交收）

綜觀滬港通開通初期內地投資者買賣香港股票的反應不似預期，流入港股的資金額度遠遠比想像的低，剛開始的時候各方投資者對市場的態度相對保守，並未能對港股產生刺激作用，恆生指數更出現四連跌的跡象，直至於 2014 年 12 月中低見 22,530 點正式喘定，港股的一個升浪要等到 2015 年 3 月底才掀起序幕，中證監發佈了公開募集證券投資基金參與互港通交易指引，大市其後隨即步入一個瘋狂的狀態。

港股大時代的瘋狂

　　2015 年港股大時代靠北水流入借力打力，點燃起港股大時代的觸發點，港股通的額度在 4 月 8 日和 9 日連續兩日滿額，105 億元人民幣的單日上限被用盡，大量資金湧入股市肆意掃貨，亦令港股成交額在 9 日創下 2,915 億元的歷史高位，接著恆生指數在 4 月 27 日上破 28,588 點。

　　正當很多股民以為大牛市來臨的時侯，上證指數亦於 6 月突破 5000 點，創下近 8 年來的新高，當時內地的情況是過度融資借貸人為托起股市，大部分股票已經超出其合理估值。而中國證監會為防股市造成人為泡沫，突然放風收緊孖展融資及股票融資。加上開始嚴格清理場外配資，內地的資金鏈漸見萎縮，就在見頂的一剎那股市開始徐徐回落，當股市出現大規模逆轉的訊號，一些過度借貸的投資者因無法補倉而被強行斬倉。

挑選殼股對沖投資風險

當時無論你買任何一隻股票都不能避過股災,只能透過資產配置的組合盡量減低損失,所以在選擇股票種類上可以達致降低風險。

筆者擅長投資於細價股及財技股,皆因就算再出現股災或外圍因素影響大市,買入細價股跌幅相對亦較其他股票有限,普遍細價股公司最大的價值不是在於其內在資產,而是當中的殼價。觀乎近期以全購形式交收的公司,現時主板殼價約 7 億元;創業板殼價約 3.5 億元。

殼股的進可攻與退可守

如果選擇一些貨源歸邊的股票參考性更大，因為貨源控制在大股東及一眾行動人士上，所以無論股票遇上大跌市或其他波動的因素。假設大股東及一眾人士佔持股上限 75%，除非大股東等人將持有的股票沽出套現，否則市場上流通的股票量不多，假若股價將來炒上時遇到的沽壓亦會較少，萬一遇上下跌亦會有相當的防守性。

回想一下如果大股東將自己手上的股票沽出，有機會被第三方趁機惡意收購公司股權，隨時埋下被吞殼的伏線，以主板上市公司 7 億的殼價計算，如果一間公司市值只有 3.5 億元，基本上已經存在一倍的折讓差價。所以如果買入此類折讓極大的殼價及細價股，假以時日就算不能追回原來的殼價，至少股價仍會有一定的上升空間。

根據蘋果日報的資料報導，某星級分析員旗下的基金年度回報率達 46%，而 2016 年恒生指數同期回報僅為 0.39%。顯示該基金主要投資於 10 億市值以下的殼股及細價股，姑勿論資料當中是否存有水份，但毋容置疑投資於細價股已經遂漸成為基金及市場的主流，皆因

買中一隻有潛質賣殼的股票隨時獲得以倍數的回報，足以跑贏整個投資組合的回報。所以如果讀者發覺投資多年戶口仍無太大進帳，可能要重新檢視自己投資的方法，否則只會損失一個獲利的機會。

贏取過百萬的兩隻股票

　　輾轉之間快十年的時間，經歷過金融海嘯、歐債危機、港股大時代，筆者的第一桶金亦是在投資上面所贏得的。還記得 2015 年經歷史無前例的港股大時代，當時成交額更連續多日突破 2,000 億元。

　　而賺得最多的可以說是港股大時代一役，靠著炒細價股贏得過百萬金額，而一直有支持爆股策略王的讀者一定會記得。2015 年筆者撰寫的兩隻股票，至卓國際(2323) 及海天天線控股 (8227)，至今股價分別錄得超過八倍及七倍的升幅。

　　但當中兩隻股價亦不是瞬間股價爆升，股價經歷了一年的上升周期，亦是其中兩隻贏錢最多的股票。

如果命運能選擇

當一個市區一房新盤售價要 1000 萬的時侯，筆者心想這是正常市民能夠負擔的嗎？美國研究機構 Demographia 每年統計全球樓價負擔能力指標，根據 2016 年第三季的調查香港的樓價中位數為 542 萬，以一個平均月入 $25,000 元的家庭計算，需要 18 年時間不吃不喝先能夠將層樓供滿，當中香港的樓價連續七年成為全球最難負擔城市。

此情此景不是在諷刺生活在香港的我們嗎？突然間筆者又想起一句歌詞，如果……命運能選擇。但與其怨天尤人，何不把機會命運掌握在自己手上，為自己為家人創造一個更好的未來。

正所謂莫欺少年窮，阿里巴巴的創辦人馬雲當初是一個英語老師，試問馬雲有想像過將來會成為全球首富嗎？

順豐速運的創辦人王衛，當年高中畢業後用借來的 10 萬創立順豐速運，試問王衛有想像過將來會成物流快遞的龍頭嗎？

但如果有些事情連想也不敢想像，那就永遠都無法有成真的一天，只要你繼續堅持自己所想所做的事情，總有一天能夠成功的。投資就如人生的道路上，當中一定會有起有跌，最重要是保持自己良好的心態，輕鬆看待每一次的買賣。

老牌公司必有一炒

至卓國際 (2323) 是一間老牌的工業公司，主要業務為製造及銷售不同類型之印刷線路板，創辦人卓可風擁逾二十年之線路板行業經驗，而上市至今絕亦無賣殼或易手的舉動。直至 2014 年報反映全球個人電腦需求趨勢減少，導致其配套零件及設備需求亦相繼下跌，公司整體的毛利率由 13.6 減少至 5.3%，集團面對環境轉型盈利走下坡，而且出現青黃不接的問題，令筆者開始留意至卓國際這隻股票。

直至 2015 年初至卓國際 (2323) 發出公告，指出售至卓飛高線路板公司股權，筆者開始推測至卓最後會走向賣殼之路。至卓飛高線路板公司乃至卓國際之間接全資附屬公司，從事物業管理及製造及銷售印刷線路板，當中至卓飛高線涉及集團主要的線路板業務，而附屬公司亦持有物業用作投資，今次將物業資產從主公司剝離安排之協議，為了方便新主將來進場時輕裝上陣。

筆者認為此乃清殼進行交收的一部分，透過出售主公司的資產去達致賣殼目的，而另一著眼點是第二大股東 Kingboard Investments Limited，原先持有至卓國際百

分之 19.94 股權，於 2015 年中開始多次減持至卓國際的股票，而沽售股票的期間剛好是至卓宣佈將附屬公司出售。

筆者認為是原大股東與第二大股東之協議，直至 Kingboard Investments Limited 悉數沽出至卓的股票後，至卓國際根據收購守則第 3.7 條發出公佈控股股東與獨立第三方就潛在交易訂立諒解備忘錄，潛在交易可能導致公司控制權出現變動。

派錢的上市規則條例

當有買家意圖接洽上市公司的股權，上市公司有責任根據上市規則第 3.7 條向公眾作出披露公司正與第三方進行洽談出售股權或會導致潛在控股權出現變動，但此作出披露的權利並不是必須的，上市公司可以直到賣殼的一刻才作出公佈。

但當作出公佈的一刻賣殼已成定局，所以事先留意公司的公告去推測幕後人士的盤算，亦有利於讀者以一個更低的價錢去買入股票。而筆者亦以每股 0.48 元買入至卓國際，買入後不久股價就開始出現爆升，最終至卓於 2015 年 11 月宣佈以每股 0.56 元易手給優福投資及智勝投資，股價最高位曾經見每股 4.30 元。

由買入至全購完成後不足一年時間八倍升幅。

配股過後的大炒作

　　海天天線控股 (8227) 的業務為天綫產品銷售及服務、水下監控及相關產品銷售。筆者見到於 2015 年 3 月 22 日發出公告，指董事會議決召開股東特別大會，供獨立股東向董事會售出特別授權，以發行不多於 400,000,000 股新內資股，配售價為每股新內資股相當於約 0.13 港元，同時建議將公司改名為西安海天天綫控股股份有限公司。

　　海天天線控股的股權結構包括內資股及 H 股，而在港上市的 H 股根據上市規則第 8.08(1)(a) 規定，發行人的上市證券須維持足夠公眾持股量，已發行股本總額至少有 25% 須由公眾持有。

　　其時內資股佔已發行股本總數之約 60.131%，而 H 股佔已發行股本總數之約 39.869%。當中內資股的主要承配人為公司執行董事肖兵的天安投資，加上主要股東國際醫學投資的一眾行動人士，配售完成後內資股將佔總數已發行股本的 73.34%。內資股配售價比當時 H 股股價 0.295 港元折讓約 55.93%，而低價配售內資股明顯有利於執行董事肖兵及一眾行動人士。

內資股和 H 股的定義

首先筆者會在此先界定內資股和 H 股的定義，H 股是在內地註冊成立的企業所發行的外資股，主要在香港上市並以港元買賣。

相反內資股是由中國境內的公司發行，是人民幣普通股票（也稱 A 股），供中國境內機構、組織或個人以人民幣認購和交易的普通股股票。

中國註冊的企業，可通過資產重組，經所屬主管部門、國有資產管理部門及中國證監會審批，組建在中國註冊的股份有限公司，申請發行 H 股在香港上市。

當時正值港股大時代海天天線控股（8227）的股價曾轟轟烈烈地炒高幾倍，及後股價見頂回落後見到公司作出正面盈利預告，相對藍籌股及其他大價股而言，細價股於公佈盈喜後股價都會有一個小炒作，而且爆升的幅度亦較大，主因亦都係因為市值偏低，要將股價炒起的資金相對較少。

觀察 CCASS 帶來的啟示

　　海天天線於同年 11 月完成配售新內資股，有時侯留意一隻爆升股要睇當中有無財技動作出現，好多細價股於公佈配股後，立馬隨即作出炒作，但當然不能一本天書走到老，財技動作只是觀察爆升股的其中一個因素，筆者買入後股價有一段時間都處於橫行階段。

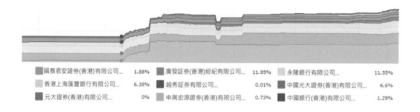

國泰君安證券(香港)有限公司...	1.88%	廣發証券(香港)經紀有限公司...	11.95%	永隆銀行有限公司...	11.55%
香港上海滙豐銀行有限公司...	6.38%	越秀証券有限公司...	0.01%	中國光大證券(香港)有限公司...	6.6%
元大證券(香港)有限公司...	0%	申萬宏源證券(香港)有限公司...	0.73%	中國銀行(香港)有限公司...	1.29%

　　直到 16 年 9 月證券商國泰君安於 CCASS(中央結算系統)持倉量突然增升，當時預料股價將會有一個爆升的趨勢，作為一個判斷機準的準則，重要的是留意當某一間券商的持倉量突然增加，當時股價相對處於近年的高位還是低位，最後會變成兩個故事兩種結果。

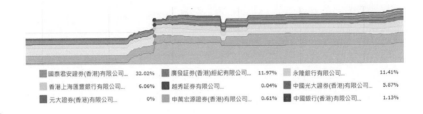

國泰君安證券(香港)有限公司...	32.02%	廣發証券(香港)經紀有限公司...	11.97%	永隆銀行有限公司...	11.41%
香港上海匯豐銀行有限公司...	6.06%	越秀証券有限公司...	0.04%	中國光大證券(香港)有限公司...	5.87%
元大證券(香港)有限公司...	0%	申萬宏源證券(香港)有限公司...	0.61%	中國銀行(香港)有限公司...	1.13%

　　如果當時公司股價處於高位，很大機會莊家已經將股價炒上，接下來就是於高位開始派貨，如果當時公司股價處於低位，那就很大機會準備將股價炒上。

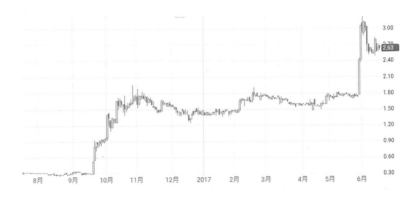

　　見到股價海天天線控股 (8227) 於 2016 年 9 月仍然在低位橫行，在爆升之前亦未見有任何消息公佈，直至幕後人士將股票存入國泰君安，然後隨之而來股價乘勢炒上，最終股價曾經高見每股 3.22 元，筆者成功在高位沽出全身而退，短短大半年時間股價累積近七倍升幅。

在炒股票的時侯亦要留意不同莊家亦會有不同的炒作手法，而不同的券商亦會互相代為持倉，所以要留意當股價出現異動的時侯，各證券商於 CCASS 的持倉分佈有沒重大變動，當中如公司將實物股票存入 CCASS，後續都會有一些炒作跟上。

但要留意某些券商是莊家專門用來作散貨，當股價被炒上高位時如果倉位有轉動，很有可能莊家是在沽貨，所以要客觀分析才能了解莊家幕後的佈局運作。

業務轉型的炒作

　　中國海洋捕撈（8047）前稱宇恆供應鏈，業務為產業鏈一體化平臺及動態供應鏈核心技術資本的智慧密集型企業。公司自 2014 年開始引入供應鏈管理服務，為不同行業的公司提供企業諮詢、管理諮詢、經營電子商務、信息電子技術服務、商品批發貿易及貨物進出口業務等等。先後與九間合營公司訂立合作協議，合共投資約 1 億港元，集團期望建立一個全國性供應鏈管理平台。

SKY FOREVER
宇恒供應鏈
Sky Forever Supply Chain Management Group Limited
（宇恒供應鏈集團有限公司）
（於百慕達註冊成立之有限公司）
（股份代號：8047）

根據一般授權
配售新股份

爆股策略王

　　受消息刺激炒作股價於同年底曾經急升至 1.6 元,及後股價於高位急剎再大幅向下回落,直至 2015 年底公司宣佈配股集資,以金利豐為配售代理合共配售 2.65 億股。適逢當時配股後大市氣氛不好,宇恆供應鏈股價跟隨整體投資環境回落,但筆者認為配股的貨源仍然在有一致人士手上,所以待股價跌勢喘定之後,當時幾乎接近摸底價錢買入。

　　主要當時宇恆供應鏈收購一間具有放貸業務的公司,希望透過放貸業務為公司產生穩定收入,而公司的負債仍屬於偏低水平,引入新業務也見到公司轉型的方向,加上金利豐的倉位變動明顯增加。

　　筆者在 2016 年 2 月以每股 0.078 買入,結果只用了一年時間,股價就由每股 0.078,爆升至 0.40,爆升幅度有超過 4 倍。

業務轉型的炒作

如果當公佈配售消息後仍然要留意當時市況表現，假若遇上逆轉的情況出現，第一步要先留意配售價作為參考，如果股價仍能企穩配股價之上，都暗示一眾人士不願股價跌穿配售價，之後股價炒上的機會亦都很大。

新股上市的選擇

　　當公司欲以主板市場作為 IPO 上市的第一選擇途徑，必須符合盈利測試、市值 / 收入測試或市值 / 收入 / 現金測試的準則。因為盈利測試準則相對上較容易達成，較多公司會以此用為標準向聯交所提出上市。

主板新申請人須具備不少於3個財政年度的營業記錄，並須符合下列三項財務準則其中一項：

	1.　　　盈利測試	2. 市值/ 收入測試	3. 市值/ 收入/ 現金流量測試
股東應佔盈利	過去三個財政年度至少5,000萬港元（最近一年盈利至少2,000萬盈利，及前兩年累計盈利至少3,000 萬港元）	-	-
市值	上市時至少達2億港元	上市時至少達40億港元	上市時至少達20億港元
收入	-	最近一個經審計財政年度至少5億港元	最近一個經審計財政年度至少5億港元
現金流量		-	前3個財政年度來自營運業務的現金流入合計至少1億港元

盈利測試的門檻

(i) 過去三個財政年度至少達 5,000 萬港元的盈利

(ii) 最近一年盈利至少達 2,000 萬港元

(iii) 最近兩年的累計盈利至少達 3,000 萬港元

在於主板的招股機制上，因公眾人士對上市證券的需求可能甚大，申請人不得僅以配售形式上市。所以過往形成一股以全配售上市的股票，往往在上市初期股價就出現爆發性的升幅，然後股價再從高位急促回落。

一般情況下，公開發售部分佔整體發行量的 10%；當公開認購超額 15 至 50 倍，發行人需要將啟動回撥機制，將公開發售部分提高至總發行量的 30%。

若超購 50 至 100 倍，則提高至 40%；超購 100 倍以上，公開發售部分佔總發行量的比例可提高至 50%。

回撥機制的原意是當公開發售部分出現大量超額認購的時候，為保障發行的成功及公平對待不同的投資者，發行商會根據認購結果，調整原本設定的發行比例，啟動回撥機制，增加公開發售部分比率。

但有一點值得留意當新股回撥的比例越高，某程度上亦會限制了其股價的升幅，因為普遍抽新股的散戶及投資者，在新股上市首日假若獲得輕微利潤就會將股票沽售套現，所以當散戶對新股的參與程度增加亦意味沽壓股票的數量亦會上升。

　　在於我們買入一些主板上市的新股，最好選擇一些回撥比例越少甚至公開發售無產生回撥機制而需要將股份重新分配，這樣相對會較為安全，避免上市初期股價就出現潛水的情況。

IPO 認購程序

有什麼方法可認購 IPO？

可以透過以下方法申購：

I. 以白表名義申請認購

認購人將會透過郵寄方式收取以個人名義登記的實物股票。當在市場出售股票時，需要把股票證書交予經紀行或銀行存入中央結算系統，於存入中央結算系統前認購人不能夠在市場出售股票。

II. 以黃表名義申請認購

獲配發的新股會以香港中央結算（代理人）有限公司名義登記，直接存進認購人的中介人在中央結算系統開設的股票戶口，所以認購人將不會收到實物股票。

爆升新股的模式

　　而筆者在此再闡述創業板新股上市的模式分別，特別在於全配售的新股上面，全配售新股能夠在上市初期股價能夠以倍數上升，主要是因為當初上市時承配人已經被選定，只需要不少於 100 名公眾股東，由於普通投資者及散戶根本無法從招股機制上買入全配售上市的股份，所以很容易地就被幕後人士將股價炒高。

新申請人上市時證券預期市值至少為，

主板	創業板
2億港元	1億港元

(VII) 公眾持股的市值：

新申請人預期證券上市時由公眾人士持有的股份的市值須至少為，

主板	創業板
5,000萬港元	3,000萬港元

(VIII) 公眾持股量：

無論任何時候公眾人士持有的股份須佔發行人已發行股份數目總額至少25%。

若發行人除了正申請上市的證券類別外也擁有其他類別的證券，其上市時由公眾人士在所有受監管市場持有的證券總數必須佔發行人已發行股份數目總額至少25%；但正在申請上市的證券類別佔發行人已發行股份數目總額的百分比不得少於15%，上市時的預期市值也不得少於

主板	創業板
5,000萬港元	3,000萬港元

如發行人預期上市時市值超過100億港元，則本交易所可酌情接納一個介乎15%至25%之間的較低百分比。

(IX) 股東分佈：

主板	創業板
持有正申請上市的有關證券的股東須至少為300人	必須至少有100名公眾股東

註：持股量最高的三名公眾股東實益持有的股數不得佔證券上市時公眾持股量逾50%

由於創業板上市比主板上市的條件寬鬆得多，只需要符合以下幾個條件就能夠在創業板上市。向港交所提交上市證明文件的時侯，亦只需具備最近兩個財政年度的營業紀錄日常經營業務有現金流入。

(i) 近兩個財政年度至少達 2,000 萬港元的營業紀錄

(ii) 上市時公司市值最少逾 1 億元

(iii) 必須有超過 100 名公眾股東及首三名公眾股東不得佔公眾持股量逾 50%

最重要的是對於新上市創業板公司並未設有盈利要求，假設公司的營業額達 2,000 萬港元但處於虧蝕狀態，仍然可以申請提交上市要求。

根據配售價每股配售股份 0.33 港元，本公司將獲配售所得款項淨額（扣除本公司有關配售支付或應付的相關包銷費用及估計開支後）估計約為 17,500,000 港元。董事擬按以下金額將配售所得款項淨額作下列用途：

— 約 7,500,000 港元，約佔估計所得款項淨額的 43.0%，將如招股章程「進行配售的原因及所得款項用途」一節所進一步詳述用於償還銀行貸款；

— 約 4,300,000 港元，約佔估計所得款項淨額的 24.6%，將如招股章程「業務目標及策略」一節所進一步詳述用作實施舊區物業管理計劃；

— 約 5,700,000 港元，約佔估計所得款項淨額的 32.4%，將如招股章程「業務目標及策略」一節所進一步詳述用作擴大物業管理組合。

更絕的是有上市公司更用上市集資額用來還債，根據公告上市配售所得約 1,750 萬用作償還銀行貸款，將股東投資於公司的金錢完美無暇地轉移，試問有投資者仍然會願意送錢給公司還債嗎？

殼價有價有市

由於殼價有價有市，所以變相近年啤殼上市成為一門生意以及一個模式，因為啤殼從而衍生的一個商業盈利模式，所以很多公司上市的門檻如果僅僅符合港交所的條件，其實將來存在很有賣殼的可能性。

所以當我們嘗試去分析一間公司的時侯，可以從一開始的上市的保薦人團隊開始分析，而保薦人團隊一般包含會計師、核數師、律師等等；再而睇公司的上市規劃、集資額、股東分佈就大概可以知道。如果公司上市時的條件僅僅足夠符合港交所的上市要求，往往會於上市後半年或一年有一個小炒作。

根據《上市規則》第 10.07(1) 條

自發行人在上市文件中披露持有股權當日起至證券開始在本交易所買賣日起計滿 6 個月之日期止期間，發行人控股股東的人士不得出售上市文件所列由其實益擁有的證券，以致不再成為控股股東。

《上市規則》第 10.07(1) 條的規定，要保障投資者防止股權架構出現重大變動致使控股股東於申請人上市後第一年內不再控制申請人。

根據《上市規則》第 10.08 條

上市發行人證券開始在買賣日期起計的 6 個月內，不得再發行上市發行人的股份或任何可轉換為上市發行人的股本證券的證券。

禁售期過後股權易手

控股股東於上市後首半年不得做任何的股本動作包括配股及減持股票,此亦稱為禁售期,直至上市滿半年後可以稱為半解禁,可以逐步沽出股票但不能失去控制性股權,假設控股股東持有公司 75% 股權,可以透過配舊股或場內減持至不少於 51% 股權。

如控股股東於上市公司的股權結構較為分散,可以在上市滿半年後印發新股票,配新股給友好人士去鞏固貨源,重新收集公司的股份。

而在上市滿一年後,控股股東可以將公司股權完全易手,簡單來說就是涉及賣殼的情況,可以稱為全面解禁。

當中有一些股票在上市滿一年已經極速賣殼,近期的例子可以參考良斯集團(1683),上市後僅 15 個月便成功賣殼給國能商業,觀乎良斯集團本身持有 1.54 億元流動現金資產,折合計算國能的全購價約為 7 億元,跟現時主板的殼價相若,今次的全購對股東而言亦算是非常公平。

基本上創業板的規則和主板上市規則也是相約，有關禁售期的條文內容也是相約的，即是說上市滿半年可以稱為半解禁，一年後可以全面解禁。

上市啤殼的特徵

　　當股票在未上市前怎樣能夠判斷是否有賣殼的意圖，從一些指標就可以判斷一間公司是否達賣股為目的而上市，行內俗稱為啤殼。其實只要能夠分辨以下幾個條件就知道上市是否為了啤殼而上市，這樣讀者就要特別注意呢類股票，因為往往很有可能會有賣殼的憧憬而股價被炒高。

1. 保薦人往績

2. 上市集資額

3. 配售比例

4. 大股東持股量

　　首先每間公司上市都有目的，就像是一盤棋局一樣，當走錯一步都會恨錯難返，所以我們買入股票之前要先理解箇中原理，才能做到戰無不勝，攻無不克。

極速賣殼的例子

　　飛尚非金屬（8331）主要業務為膨潤土採礦、生產及銷售鑽井泥漿，飛尚的大股東李非列為內地廣西人，名下的飛尚集團是一間集有色金屬、鋼鐵、交通物流產業的控股公司，在中國內地所控制的資產以數百億元計。

　　除了飛尚非金屬在港上市的公司還有飛尚無煙煤（1738），李非列為當時飛尚無煙煤的執行董事兼大股東，李非列的集團在內地綜合基建物流業務，在內地亦控有數間上市公司的實益股權，可見其集團的所操作的資本至少達數百億元。

　　本身飛尚系在香港已經有一間上市公司，當時筆者認為飛尚非金屬上市目的只有兩個，多一個集資途徑去發展業務進行企業併購，或者只是為了啤殼而上市，當然有些內地國企因為香港的集資流動性較高，而且可以對沖人民幣匯價的風險而選擇在香港借殼上市。

　　飛尚非金屬（8331）於 2015 年 12 月全配售形式於創業板上市，上市配售 125,000,000 股配售股份，公司預期集資所得總額合共 4000 萬港元將用於增強集團的資本基礎、開發新產品以及改善廠房及設備。現時上市

開支成本動輒都要 3000 萬元,實則扣除一次性的上支開支的費用後,飛尚非金屬(8331)配售所得款項淨額只有約為 1270 萬。

如果一間創業板公司上市時的集資額界乎 3000 萬至 5000 萬,其實很大可能性上市的目的就是賣殼。試想像如果你是一間企業公司的老闆,現時你公司的資產總值為 2 億,而你打算趁著行業熱潮擴大公司的發展。

假設你有一筆 5000 萬元的流動資金你會選擇

1. 申請去創業板上市

2. 投資於公司持續發展

其實此問題並沒有一個正確答案,因為只在於你是一名實業家還是財技高手?

如果你以企業的持續發展為前題,當然將資金繼續投入去擴充業務。如果你以賣殼的角度為出發點,當然選擇去創業板上市,因為當中存在一倍的升值幅度。

飛尚非金屬(8331)上市時的基礎股東只有 120 名,當中首 25 大承配人已佔配售完成後的 24.5% 股權,而主席李非列持股達 75% 的股權上限。

而首先要理解獲分發配股的承配人為何等人士？

通常通告會粗略地簡述為經選定專業、機構及其他投資者，經選定的幸運兒說穿了其實就是自己人，可以是大股東的友好人士、親朋戚友。

創業板股票獲利機會

所以用以往全配售新股上市的模式，會發現好大部分的股票都會出現同一個規律，上市後首幾日將股價踢高，然後股價輾轉急插向下，雖然一開市上市股價就抽高數倍，但基本上絕少會有散戶參與。

假設證券商 A 及證券商 B 同為莊家所操控，上市首幾日的成交其實主要係證券商 A 及證券商 B 互相買賣對方所持有的股票，行內的術語俗稱為打成交。

以飛尚非金屬 (8331) 作為例子，上市的配售價為 0.32，首日上市第一口報價每股 1.21，較上市價足足高出 2.8 倍升幅，如果同為散戶你認為會追入股票嗎？

所以通常挾高後股價會追入一個自由下墜的模式，當然亦有一些散戶會湧入市場想搏撈底反彈，但當股價急速向下時莊家能夠散貨給街外人只有極小量的股票，所以之後往往伴隨一段時間股價會處於橫行階段，莊家才能壓住股價將股票慢慢沽回給散戶，所以要買入配售上市的新股只有兩個切入點。

1. 當股價跌穿配售價

2. 當股價跌穿配售價後重新升穿配售價

飛尚非金屬 (8331) 由時富金融保薦上市,本身大股東持有 75% 股權為一般上限,而作為保薦人的時富的持倉亦佔 20.66%,兩者的持股量合共已達 95.66%,市場上實則流通的股票只有不足 3000 萬股。

筆者亦肯定飛尚非金屬 (8331) 搞上市不是為了集資 1,240 萬的資金,而飛尚系兩間公司存在非常大的關連性,以無煙煤的幕後套路去推算公司背後一定有大搞作。所以筆者於 2016 年初以每股 0.42 買入飛尚非金屬,股價只花了一年時間升至最高價 1.58,較筆者當初的買入價相比達 2.7 倍的升幅。

啤殼上市的成本

雖然啤殼上市到最後成功賣殼的獲利相當豐厚，但不要忽略上市前期的投資以及上市後的日常營運費用。

1. 保薦人費用

這是費用中佔較大的一部分。當企業決定在香港上市，選擇保薦人開始就會涉及這筆費用。一般情況下保薦人費用有一些內定的行規，主要根據發行的規模、推介的難度來確定，約在集資額的 1%-5% 不等。而名氣較大、經驗較豐富的券商收費要稍為高一些，但服務質量和效率也相對較高。

2. 佣金

它是支付給包銷商的費用，也是 IPO 的主要費用開支，一般根據集資總額的一個百分比來計算。包括招股規模的大小及股票被認購的前景、包銷商是否全額包銷、發行過程的複雜程度及企業上市後是否有進一步融資的機會。

3. 法律費用

　　法律費用是包銷費用之外企業的一大支出。法律文件主要包括公司簡介，介紹公司是否持有其他上市公司的股權，是否在其他國家或地區有分支機構，是否有專利或專營權，公司結構如何重組，所有權的比例是多少等等。

4. 會計師費

　　會計費用主要包括建立一個符合上市公司規定的會計制度和審計所需費用。由於審計報告的好壞對企業能否順利發行上市至關重要，這筆費用也佔了不小的比重。目前幾家香港較著名的會計師事務所俗稱 " 四大 " 的市場佔有率較大，而這些的收費也相對較高，而且會計師費用是按項目進度分段收取，即使最後上市不成功，所到階段的費用仍然要支付。

5. 額外支出

企業支付的雜項支出包括包銷商為發行所作的促銷及形象宣傳費用，其中很重要的一項是廣告。例如刊登在一些財經報刊中，或者報紙的財經版，宣傳公司股票正式發售，並列明所有有關發行事項。一旦企業向包銷商遞發了上市意向書，並且支付了首期佣金外，即使後來企業因故放棄了上市計劃，這筆錢也不會退還給企業。

6. 潛在費用及上市後成本

在企業爭取公開招募發行的過程中，常常會有一些額外開支，企業還需考慮到上市後的交易所、證監會、保薦人、財務審計、律師等眾多部門的嚴格監管，一個上市公司至少應該有充足的預算就每年支付該筆費用。

籌備上市階段

筆者將上市的程序劃分為四個階段

第一階段

- 委任創業板上市保薦人

- 委任中介機構

- 確定大股東對上市的要求

- 落實初步銷售計劃

第二階段

- 決定上市時間

- 審慎調查、查證工作

- 評估業務、組織架構

- 公司重組上市架構

- 複審過去二／三年的會計記錄

- 保薦人草擬售股章程

第三階段

- 遞交香港上市文件與聯交所審批
- 預備推廣資料
- 邀請包銷商
- 確定發行價
- 包銷團分析員簡介
- 包銷團分析員研究報告

第四階段

- 交易所批准上市申請
- 副包銷安排
- 路演
- 公開招股
- 招股後安排數量、定價及上市後銷售
- 股票定價
- 分配股票給投資者
- 銷售完成及交收集資金額
- 股票開始在公開市場買賣

國企可以在香港上市？

如果一間於內地上市的企業想將股票於香港市場上市需要遵守以下的程序

第一，在事先獲得中國證監會批准，並已遵守及公佈公司正式制定的轉股程序前提下，內資股可轉至香港，作為 H 股在聯交所上市，及在公開市場發售。

第二，要將內資股轉至香港，必須符合在聯交所上市的既定行政程序，包括呈交所需的文件及交付股份，以便將股份登記在香港的股東名冊內。

新股上市之後的股價表現其實可以從保薦人過往的紀錄從而去推敲，近年建築股往往成為炒作的主題，只因為內地資金帶動。當中內地的房地產發展商近年在港密密買殼，使殼價交收上一直有價有市，從而使建築殼及地產殼在市場上交收的作價亦都較高，因為幕後新主傾向都會買回同自身業務較為相似的殼，在買殼完成後注入類似的資產相對較容易，而在聯交所層面上亦都符合原先公司業務的發展，在聯交所的審批上亦會較為寬鬆。

重大注資構成反收購行動

假若新主收購跟本身業務不符合的公司，在資產注入時難度相對會較大，而且注入的資產不能大用原本公司上市時的市值，否則會被聯交所定義為逆向收購，有關申請人就收購需要重新以 IPO 上市。

而 2014 年起聯交所規定上市公司於收購後兩年，母公司不得向殼公司注入重大資產，否則將會構成反收購行動。

根據上市規則 14.06 條

如上市公司在控制權轉手後的 24 個月內向新股東收購資產，而該收購構成非常重大的收購事項，則該收購會被視為反收購行動，而交易所會以新上市（IPO）的標準處理該反收購行動。

有關條例變相限制了新主在全購後將注入資產的時間，所以有時在全購完成後股價未必會即時爆升，可能會在臨近兩年全購期前才開始步署將股價炒高注入資產，新主為了規避上市規則的限制寧可在買殼後等兩年才注資，有些大股東寧願在買殼後等兩年才注資以規避上市規則的限制。

如果上市公司收購的資產高於現時公司的市值，將構成非常重大收購事項的一項資產收購，當上市發行人進行有關收購之同時，收購導致上市發行人的控制權出現變動，聯交會有權質疑該收購會被視為反收購行動。

四招教你贏盡新股

新股上市最重要睇以下四點

1. 保薦人往績

2. 上市集資的額度

3. 上市模式

4. 上市市值

新股評分指數 最高為★★★★★

保薦人	分數
大有融資有限公司	★★★★★
豐盛融資有限公司	★★★★
同人融資有限公司	★★★★
德健融資有限公司	★★★
創陞融資有限公司	★★★
創僑國際有限公司	★★★
國泰君安融資有限公司	★★
力高企業融資有限公司	★★
浩德融資有限公司	★★
長江證券融資（香港）有限公司	★
八方金融有限公司	★
富比資本有限公司	★

上市集資額

3500 萬或以下	★★★★★
3500 萬至 5500 萬	★★★★
5500 萬至 8000 萬	★★★

上市模式

全配售方式上市	★★★★★
公開發售及配售方式上市	★★★★

初始上市市值

主板		創業板	
5 億或以下	★★★★★	2.5 億或以下	★★★★★
5 億至 7 億	★★★★	2.5 億至 4 億	★★★★

下列以 REF HOLDINGS LIMITED(8177) 為例子作為新股評分，REF HOLDINGS LIMITED 主要為香港的財經界提供財經印刷服務的公司。

以全配售形式於創業板上市

上市的保薦人為創僑國際有限公司

上市時的市值為 1.92 億

上市的集資額為 3,050 萬

保薦人分數	★★★
上市集資額	★★★★★
上市模式	★★★★★
初始上市市值	★★★★★

以評分計算 REF HOLDINGS LIMITED 合共獲得 18 分

基於上述原因筆者認為此股必定會炒上

REF HOLDINGS 集團提供一系列財經印刷服務，集團的核心財經印刷服務涵蓋印製上市文件、財務報告、合規文件，由排版、校對、翻譯、設計、印刷、上載互聯網、安排在報章刊登。

集團的服務大致可分印刷、翻譯及媒體發布，大部分客戶均於香港聯合交易所有限公司，隨著近年在香港上市的公司不斷增加，帶動招股章程、公司公告、業績公告及財務報告等需求與日俱增。

　　業績方面集團錄得收益約 178,100,000 港元較上年度增加約 25.1%，公司擁有人應佔溢利約為 45,600,000 港元較上年度增加約 58.9%，印刷服務行業的毛利率相對其他行業較高及穩定。

　　而主席兼非執行董事劉文德曾任多間上市公司的非執行董事，當中包括金利豐金融(1031)、光啟科學(439)及 Sincere Watch Limited(444) 的獨立非執行董事而且基本上都屬同一夥人士操作。

　　坊間說非執行董事主要對執行董事起著第三者監督的作用，維護公眾利益及少數股東權益，但某程度可以說是幫莊家坐貨或代為持貨，有些非執董會經常轉換於不同上市公司之中，要留意非執董的背景從而推測幕後人士的班底，如果過往經手的股票曾經有大炒過，可說是一個投資的亮點。

而 REF HOLDINGS LIMITED 的股價走勢今年創新高，最近更正式由創業板轉往主板，對比當時的上市價足足有兩倍的升幅。

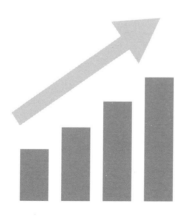

大股東與管理層的關係

你每日上班，為的是什麼？

A. 為公司打拼、創造利潤，令公司賺更多的錢

B. 期望不要 OT、工作量減小、但公司加人工

上市公司管理層、基金經理、莊家、甚至大股東亦都一樣

上市公司的大股東與管理層

大股東的收入來源⋯⋯天價收購垃圾資產

管理層的收入來源⋯⋯人工、花紅、花公司錢吃喝玩樂

所以作為投資者要明白大股東與管理層箇中的利益關係才能洞悉每個行動背後隱藏的含意。

持股量及股東背景的重要性

除了以上四個新股必勝招式外，還有兩個非常重要指標可以作為參考，就是參考大股東的持股量及大股東的背景。如果要完全地控制一間上市公司，大股東至少要持有 51% 股權，又可以稱為控制性股權。所以以細價股或者有潛力的爆升股而言，大股東的持股量可以其中一個重要的指標。

根據上市規則第 8.08 條

上市的證券必須有一個公開市場

(1) 無論何時，發行人已發行股份數目總額必須至少有 25% 由公眾人士持有。

(2) 對於那些擁有一類或以上證券的發行人，其上市時由公眾人士持有的證券總數，必須佔發行人已發行股份數目總額至少 25%

所以本身大股東持股量對股價往後的走勢都會有好大影響，假設現時有 A 和 B 兩間上市公司，兩間公司的市值皆為 5 億。

A 公司的大股東持股 75%

B 公司的大股東持股 10%

哪一間公司炒上的機會較大？

聰明人也知道一定是 A 公司炒上的機會較大

因為以 A 公司大股東佔 75% 股權計算，理論上市場上流通的貨源有 1.25 億。

但如果以 B 公司大股東佔 10% 股權計算，理論上市場上流通的貨源有 4.5 億。

同一隻股票莊家要將股價炒上要用多兩倍的錢，無論經濟成本及時間成本都完全不符合效益，值得留意大股東及一致行動人士的持股上限為 75%。但亦要計算其他市場參與者的持股，因為有可能由暗手持有，或者市場俗稱為老鼠倉。

權益披露的特點

有關證券及期貨條例對於大股東的持量股亦需要作出具體權益披露

(i) 大股東首次持有某上市法團 5% 或以上的股份的權益（即當大股東首次取得須具報權益）

(ii) 大股東的權益下降至 5% 以下（即大股東不再持有須具報權益）

(iii) 大股東的權益的百分率數字上升或下降，導致其權益跨越某個超過 5% 的百分率整數（例如他的權益由 6.8% 增至 7.1%- 跨越 7%）

(iv) 股東持有須具報權益，而其股份權益的性質出現改變（例如，行使期權）

(v) 股東持有須具報權益，及再持有或不再持有超過 1% 的淡倉（例如他已持有某上市公司 6.8% 的股份權益，並持有 1.9% 的淡倉）

(vi) 大股東持有須具報權益，而其淡倉的百分率數字上升或下降，導致其淡倉跨越某個超過 1% 的百分率整數（例如他已持有某上市公司 6.8% 的權益，而其淡倉由 1.9% 增至 2.1%）

(vii) 大股東持有正在上市的法團的股份、正在上市的股份類別的股份，或獲得十足表決權的股份類別的股份 5% 或以上的權益

(viii) 該條例開始生效時，他持有之前未作過任何披露的某上市法團 5% 或以上的股份權益，或須具報權益及 1% 或以上的淡倉

(ix) 5% 的披露界線或適用於淡倉的 1% 披露界線下調

　　權益披露的其中一個弊病是無法得知持有 5% 以下權益股東的身份，所以單從股權披露去推算大股東一眾人士的持股量不能完全準確。因為大股東除了以正手持有股票外，有一部分會由人頭戶代為持有，而人頭戶多受大股東所控制，用作協調將來待股價炒上時散貨。所以如果短線炒賣一定要留意即市盤路，如果有一些非主流的莊家行在市場排盤買貨或沽貨，都可以暗示幕後人士正在步署行動。

股權集中股價向上

 PFC Device Inc.
節能元件有限公司
(於開曼群島註冊成立的有限公司)
(股份代號：8231)

股權高度集中

本公告乃應聯交所之要求，就於二零一七年四月二十日本公司之股權高度集中於極少數股東手中之事宜作出。

鑑於股權高度集中，股份可能集中於數目不多之股東手中，即使少量股份成交，股份價格亦可能大幅波動，股東及有意投資者於買賣股份時務請審慎行事。

本公告乃應香港聯合交易所有限公司（「聯交所」）之要求，就於二零一七年四月二十日節能元件有限公司（「本公司」）之股權高度集中於本公司極少數股東（「股東」）手中之事宜作出。

股權高度集中

本公司注意到證券及期貨事務監察委員會（「證監會」）於二零一七年五月十日刊發一則公告（「證監會公告」）。

誠如證監會公告所披露，證監會最近曾就本公司之股權分佈進行查訊。查訊結果顯示本公司於二零一七年四月二十日，有二十名股東合共持有284,252,873股股份，相當於本公司已發行股份（「股份」）之17.77%。有關股權連同由本公司一名主要股東及兩名執行董事持有之1,157,839,775股（佔已發行股份之72.36%），相當於已發行股份之90.13%。因此，於二零一七年四月二十日僅餘157,907,352股（約佔已發行股份之9.87%）由其他股東持有。據本公司董事（「董事」）會（「董事會」）作出一切合理查詢後所深知，除證監會公告所提供的資料外，董事會確定其並無進一步得悉上述20名股東之身份。

節能元件（8231）於今年四月被證監發出公佈指出股權高度集中，公告所見 Lotus Atlantic Limited 股權佔總股本的 72.01%，而此 BVI 公司的實則權益由主席翁國基所持有，另外加上二十名股東持有公司 17.77% 股權，兩者相加的股權已經佔發行股本 90%，換言之公眾持有的股權只有 10%。

根據證監會公告，本公司於二零一七年四月二十日之股權架構如下：

	所持股份數目 （股份）	佔已發行股份 總額百分比 （％）
Lotus Atlantic Limited（附註1 & 2）	1,152,177,939	72.01
洪文輝先生（附註3）	2,957,998	0.18
周啟超先生（附註4）	2,703,838	0.17
二十名股東	284,252,873	17.77
其他股東	157,907,352	9.87
合計	1,600,000,000	100.00

附註1： 1,152,177,939股當中包含22,574,612股由五位人士（包括洪文輝先生）於二零一六年十月七日押予 Lotus Atlantic Limited之押記股份。

附註2： Lotus Atlantic Limited為蜆壳電器控股有限公司的間接全資附屬公司，而蜆壳電器之80.5%權益是由 Red Dynasty Investments Limited持有。本公司主席及非執行董事翁國基先生擁有Red Dynasty Investments Limited已發行股本的全部權益。

附註3： 本公司行政總裁及執行董事洪文輝先生持有之12,531,657股權中包含9,573,659股押記予Lotus Atlantic Limited之股份（見附註1）。

　　對於股權高度集中的股票而言，即使少量股份成交，公司之股份價格亦有可能會大幅波動，但由於一隻貨源歸邊的股票莊家將股價炒上相對的股壓會較少，因為貨源都掌握在自己人手上，只要事先跟人頭戶協調好股價炒上時不要沽貨，基本上股價在缺乏沽壓的情況下，只要有少量買盤湧入就足以令股價踢上幾個價位，容易形成將股價乾挾的現象。

　　如果股權結構低於公眾股東持股量水平，證監會有權對公司作出暫時停牌，直到公眾股東的持股量回復正常水平，才允許股份恢復買賣。

股價爆升的催化劑在於三月份節能元件 (8321) 發出
一份購股權的通告，而主要購股權的承授人為公司董事
及高級管理層，所以當時預料股價會有一定的炒作，結
果只花一個月時間股價有兩倍的升幅，以細價股來說升
幅十分顯著。

配股爆升的定律

睭細價股其中一個比較容易捕捉的方法就係當公司宣佈配股，但要注意配股的方法不同炒作的幅度亦有不一樣。

配發新股

配新股意思就是增加已發行的股本，公司會透過配售協議發行新股票，筆者研發了配股黃金 20/20 比例去判定，讓讀者更容易明白和掌握配股的獲利機會。

首先何謂配股黃金 20/20 比例，當中留意配售股份的規模及配售價格，上市公司每年會舉辦股東週年大會，其中一個議案就是更新發行及購回股份一般性授權。

根據一般性授權容許公司以配發及發行不超過於有關決議案獲通過當日已發行股份總數百分之 20% 之額外股份，有關授權稱之為發行授權。

同時授予董事一般性無條件之授權，購買或購回不超過於有關決議案獲通過當日發行股份總數百分之 10% 之已發行股份，有關授權稱之為購回授權。

所以只要通過決議案直至下年度的股東大會，公司可以透過配售印發不超過 20% 之股票，其中一個重點是配售股票的比例，另一個是配售價格折讓的幅度。

　　配售價不得低於配售協議日期的收市價或前五個連續交易日的平均收市價百分之 20%，公佈配售給承配人傾向以折讓價進行，因為很合理地如果以溢價配股何不直接在市場上買入股票。

　　而公佈配股時亦要留意承配人的資料，假若配股給不少於六名獨立人士可以豁免披露承配人士的身分。在於上市公司而言，如果當公司宣佈配新股，配售的比例及配售價越貼近一般性授權上限，可以推斷對象多半是自己人或是關連人士。當然亦會找莊家代為持貨，待配售完成後借勢將股價炒上，所以尤其當市況暢旺的時侯，公司宣佈配發新股後股價隨之會有炒作。

永恆策略(764)於 4 月 26 日收市後發出公告以每股 0.16 向不少於六名承配人配售 6.43 億股股份，當中配售股數及配售價都十分貼近一般性授權上限，公司用盡配售限額目的只有一個，就是要將最優惠的股份配給自己人。

ETERNITY INVESTMENT LIMITED
永恒策略投資有限公司 *
(於百慕達註冊成立之有限公司)
(股份代號：764)

根據一般授權配售新股份

配售代理

Ⓚ 金利豐證券

於二零一七年四月二十六日(聯交所交易時段後)，本公司與配售代理訂立配售協議，據此，本公司已有條件同意透過配售代理按盡力基準以配售價每股配售股份0.16港元，向目前預期不少於六名承配人(彼等及彼等之最終實益擁有人為獨立第三方)配售最多643,200,000股配售股份。

每股配售股份0.16港元之配售價較：

(i) 股份於二零一七年四月二十六日(即配售協議日期)於聯交所所報之收市價每股0.199港元折讓約19.60%；及

(ii) 股份於緊接二零一七年四月二十六日(即配售協議日期)前最後五個連續交易日之平均收市價每股0.199港元折讓約19.60%。

配售股份之最高數目643,200,000股，佔(i)本公司於本公佈日期之現有已發行股本3,216,006,486股股份約20.00%；及(ii)假設於本公佈日期至配售事項完成期間本公司之已發行股本概無變動，本公司經配發及發行配售股份已擴大之已發行股本3,859,206,486股股份約16.67%。

爆股策略王

當然配股完成後股價不一定即時炒上，但如果是配給自己人的話，其實會進一步將貨源收乾，變相市場上流通的貨源會減少，結果當公佈配股消息後翌日股價立即有反應。公佈配股消息前一個交易日股價為每股 0.20 元，宣佈配股後股價最高見每股 0.234 元，對比前一日股價有 17% 的升幅，所以讀者可以透過配股來洞悉當中操作從而獲利。

配發舊股

　　如果配股是以配舊股的方式進行，大股東及控股股東其實是暗中正在減持股票，而配舊股可以達致賣殼的目的，當中如果新股上市滿半年禁售期隨即配股，筆者則認為好大機會走上賣殼之路。當上市公司宣佈配舊股，最主要決定賣殼因素是配售後會否失去控制性股權，如果大股東本身持股 75%，配售舊股後仍持有 51% 以上的股權，我們可以推斷有賣殼的意慾。

　　而大股東亦不一定會單一配股令股權易手，可以透過多次配股逐漸攤薄現有股東的權益，所以當大股東計劃配舊股，多次分段將股權亦有易手的意義，假設只透過一般授權去進行減持的話，原則上其實散戶相對比較難察覺。

　　但如果每次配股的承配人都是同一眾關連人士的手影，經歷多次配股後大股東的持股量已經被大幅降低，原則上股權已經暗中易手，不過在於不是行 GO（全面收購要約）進行交收，所以小股東未必能夠直接受惠股價潛在的升幅，但好處在於不用通過特別決議案，而小股東察覺的機會較細，容易做到神不知鬼不覺。

更新一般授權

公司發行新股票要透過更新每年的一般授權，上市規定公司於公佈年度業績後六個月內須舉辦股東周年大會，於股東大會上公司亦須提交年度財務報表，當中股東周年大會通常會包括重選董事、發行及購回股份之一般性授權。

而透過每年的股東大會更新一般授權，照道理說現有股東的權益會被攤薄，所以當上市公司就表決議案的時侯召開股東大會，大股東及其聯繫人於股東特別大會上須放棄及已放棄就有關持續關連交易之普通決議案投票。

而利用上市公司資金去收購大股東的私人資產，亦需要獲得股東會通過，如涉及關連交易、大比例供股配股大股東亦須就議案放棄表決。

董事局掌控公司命脈

　　大股東即使擁有公司的股權，並不代表能夠控制董事局，最厲害的財技是以小控大，用最小量的金錢去控制大量的資產；董事局亦是如此，如果董事局成員跟大股東的方向背道而馳，將來若有議案須要表決會困難重重。

香港公司董事的權利有：

1. 執行董事會議決定和決策公司日常事務的權力
2. 出席董事會，對董事會議有決議權
3. 對外代表公司行使權利
4. 負責公司日常運營及決策
5. 保存會計賬簿及營業紀錄
6. 負責銀行賬戶管理
7. 代表公司借入貸款並以公司財產作為抵押
8. 擬定公司利潤分配方案
9. 擬定公司注冊資本增加方案
10. 召開股東大會
11. 執行股東大會決議

由此可見董事局掌控了上市公司的命脈，由公司日常運作、財政開支、召開會議；參與制定公司業務和發展的方向，董事局都具有執行的權力。而獨立非執行董事在上市公司並沒有管理或行政責任，主要職責在於監察管理層，監督最高行政人員及高級管理層的角色，履行職責時確保董事會考慮全體股東的利益，並不會參與企業的日常運作。

清殼易手的炒作

　　互益集團 (3344) 主要從事色紗、針織毛衫及棉紗的生產及銷售，提供毛紗漂染及毛衫織造服務。2014 年底發出公告就關連交易出售物業，值得留意的是買方為宋忠官博士，互益集團之控股股東，創辦人，前主席及前執行董事。

　　當時見到公司正進行清殼的行動，首先將物業相對較輕的資產出售，隨後更以先舊後新的方式配售舊股再認購新股，先將舊股配售可以縮短派發新股的時間，認購人亦可即時在市場上沽售股票獲利，隨後公司股價輾轉出現一輪升勢。

ADDCHANCE HOLDINGS LIMITED
互 益 集 團 有 限 公 司
（於開曼群島註冊成立之有限公司）

（股份代號：3344）

關連交易
出售物業

於二零一四年十二月二十三日，賣方（本公司之間接全資附屬公司）簽訂了買賣協議，據此賣方同意以該代價出售，而買方同意購買，該物業。

買方為本公司之間接控股權股東，因此為本公司之關連人士。簽訂買賣協議構成本公司之關連交易，須遵守上市規則第十四A章下的公告及申報規定，惟獲豁免遵守獨立股東批准規定。

日期為二零一四年十二月二十三日的買賣協議

日期： 二零一四年十二月二十三日

賣方： 互益有限公司，本公司之間接全資附屬公司

買方： 宋忠官博士，本公司之間接控股權股東，創辦人，前主席及前執行董事

　　直至 2015 年 3 月互益集團（3344）披露收購一間公司股權，該公司在中國山西經營天然氣業務及分銷天然氣業務，當時互益集團的紡織業務面對嚴峻的市場環境，市道持續疲弱影響企業的增長受到遏制，導致銷售盈利急跌而且還積壓大量存貨，以做生意的角度來說當公司面對困境，第一個方法應該要想怎樣能夠開源節流，削減一些不必要的開支和成本。

但互益集團仍動用資源去收購新的業務，天然氣業務未能夠提供即時性的收入，而且有可能要繼續投入前期的開採成本，所以在考量上對互益集團的財務狀況，實則不會構成任何的幫助及改善，重要的是執行董事宋潔貞女士亦辭任公司職務。根據年報顯示宋潔貞為前主席宋忠官的女兒，所以筆者認為宋氏家族已經逐漸淡出集團，主要由於經營環境惡劣變相對前景心灰意冷。

2015年6月披露相關銀行要求互益集團須即時償還貸款融資，否則會考慮向集團提起法律訴訟，及後對方達成共識銀行再提供1億元的援助融資，但要求再抵押宋氏大廈的物業，當時互益集團情況已經去到燃眉之急，所以肯定最終會走向賣殼之路。其後更透過多次配股減持股權，前主席宋忠官於公司的持股量大幅被降低，問題在於新舊主會用甚麼方法去進行交收。

本公司董事（「董事」）會「董事會」謹此知會本公司股東及潛在投資者，於二零一五年十一月二十七日（交易時段後）本公司與一名認購人（「認購人」）訂立有條件認購協議（「認購協議」），據此，認購人已有條件同意認購及本公司已有條件同意配發及發行合共2,010,000,000股新股份予認購人，認購價為每股0.56港元（「認購事項」）及現金代價總額為1,125,600,000港元。認購事項將須受若干先決條件獲達成（包括但不限於證券及期貨事務監察委員會企業融資部的執行董事或其任何代表向認購人授出清洗豁免（「清洗豁免」））所規限。根據認購協議獲得清洗豁免的條件無法豁免。

直到2015年12月根據收購守則第3.7條作出公告，互益集團擬發行約20億股認購股份予潛在投資者，經認購股份擴大之已發行股本約68%，認購人為中融國際

信託公司。認購方主要從事證券、股權投資及信託業務，管理的資產規模達到 7000 億元人民幣，見到買家的實力背景可謂非常雄厚，亦是普遍中資金融公司來港買殼的現象。

最主要由於早前內地收緊 IPO 上市，加上人民幣匯率持續貶值，最實在的方法就是將資產轉移為非人民幣資產，將資金合法地流出海外，對於一眾內地富豪來說，區區幾億元買一個上市地位簡直是便宜至極，所以近年殼價被搶得越來越貴。但正正是這個原因，近年投資於殼股令筆者的身家亦水漲船高。

在 2014 年底宋忠官原先持有公司 72% 的股權，經過今次大規模認購協議及配售協議，宋氏於互益集團的股權只剩 2.81%，互益集團當時的流動資產淨值約為 3969 萬港元，銀行結餘及現金約為 7336 萬港元，但集團的流動負債高達約為 15.67 億港元。

見到負債遠遠超出其公司的資產值，所以在別無他選下只能賣殼，完完全全透過配售將整隻殼易手給新主，而宋劍平亦辭任公司主席，更將香港的公司註冊地址更換由原先香港葵涌宋氏大廈轉移到尖沙咀東部。

當時筆者認為待所有事情結束加上解決債務問題後股價隨之會炒上，所以於 2016 年 8 月以每股 0.405 買入，最終集團透過出售中國附屬公司去處理債務，股價於半年內爆升至最高 1.41 元，較筆者當初的買入價有兩倍多升幅。

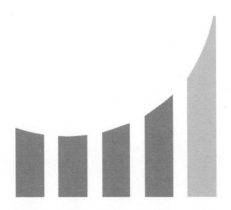

移動通訊股的炒作

　　中播控股 (471) 主要為一家投資控股公司，從事開發及透過地面基礎設施推廣 CMMB 多媒體及互動服務。中播控股於 2014 年底股價曾經瘋炒幾倍，當時公司宣佈兩項重要消息，收購「亞洲之星」移動衛星及與國家媒體集團發展國內衛星移動多媒體服務。

CMMB VISION HOLDINGS LIMITED
中國移動多媒體廣播控股有限公司
（於開曼群島註冊成立之有限公司）

（股份代號：471）

開展國內三網融合業務里程碑：

1. 非常重大收購「亞洲之星」移動衛星諒解備忘錄
2. 與國家媒體集團發展就國內衛星移動多媒體服務諒解備忘錄
3. 於巴黎「世界衛星行業週」新聞發佈
4. 回復買賣

　　據報當時亞洲之星衛星是唯一能夠覆蓋整個亞洲的衛星，在中國、日本、韓國、東南亞提供音頻視頻及數據服務，相信項目最有價值的就是使用者數據及用戶資料。而於 2015 年中播控股亦食正一帶一路的熱潮，通過「亞洲之星」衛星平台與多媒體廣播技術結合，成為移動多媒體服務平台，利用空中移動數據廣播推送網絡。

新一代絲路之星一號預計於二零一八年發射升空，該衛星能連貫覆蓋中國、印度及亞洲區「一帶一路」國家共約 40 億人口，21 世紀互聯網發展的普及程度非常之高，特別在於中國及亞洲因其龐大的人口結構，移動媒體服務仍然有很大程度的增長空間，絲路之星衛星移動設施能夠做到無縫連接，完全不受個別地區地域的接收訊號所影響。而中播控股亦開啟了 AMEGO 服務，就有如移動版的小米盒子，只要下載應用程式便可將移動視頻節目直接傳至手機。

最近更與中國電信簽署戰略合作協議，共同搭建天地一體融合媒體廣播網絡平台，為車聯網和移動用戶提供一體化多媒體娛樂及信息服務。而中國電信是中國三大主導電信運營商之一，資產規模超過 7000 億人民幣，在國際市場有龐大的電信網絡平台運營服務。中播控股 (471) 借助中國電信的名氣，而中國電信的用戶有可能係移動娛樂平台的核心客戶，絕對可以創造一個三贏的局面，將一部分消費者由線下轉移至線上，透過 AMEGO 植入汽車車聯網系統，相信仍會有很多附加價值的服務出現。

當 21 世紀電子商務逐漸普及的時侯，網絡傳輸亦係一帶一路發不可或缺的部份，筆者亦看好移動傳輸媒體的發展。當時筆者於 2017 年 4 月以每股 0.36 買入，結果股價隨後出現異動，股價由買入價升至最高 0.465，短短一星期時間升幅達 29%。

環保概念股的炒作

　　泛亞環保(556)為中國環保服務及環保建材供應商，主要為客戶提供環保建設工程解決方案及服務，以及從事開發、製造及銷售新型環保建材。踏入四月份普遍細價股的走勢相當不俗，但見到港股通流入的額度較開始有放緩跡象，主因一眾內房科技股股價之前被大幅炒高，部分資金開始獲利回籠，近期焦點集中於雄安概念股份。

　　中央於四月初宣佈在河北設立雄安新區，繼深圳經濟特區、上海浦東後核心發展的地區。泛亞環保 (556) 今年初與中國建材 (3323) 的子公司中國建材國際工程訂立戰略合作框架協議，雙方藉此推動多個領域開展合作，共同促進經濟、安全、綠色、美觀要求的建築材料發展，國策上迎合打造建設綠色智慧新城的方針，可以憧憬受雄安新區概念帶動下，將會十分有利之後的炒作。

大家有去過北京、上海都會見到空氣污染及霧霾十分嚴重，所以中國想逐漸將重污染行業增長轉變為綠色型經濟增長，無論在發電、燃氣供應上都持續支持可再生能源發展，最近發佈建築節能與綠色建築發展十三五規劃指出，到 2020 年城鎮新建建築中綠色建築面積比重超過 50%，而綠色建材應用比重超過 40%，在政策全面主導下採用，下一個十年綠色建築都會是一個重大發展方向。

　　綠色建築除了節省成本最大好處在於保護環境和減少污染；泛亞環保亦為全球最大最先進的木絲水泥板生產商，中國高鐵就其所有火車站附近興建六層高的木絲水泥板大樓進行磋商，在業務的發展及可續性都具有優秀的前景。

仙股大王的炒作

　　長盈集團控股（689）主要在傳統上游石油及天然氣勘探，集團核心業務為阿根廷進行石油勘探及生產之油田開採權，公司主要透過石油勘探以致生產石油出售，所以跟石油的價格走勢有很大的關連性，隨著石油輸出組織 OPEC 達成的減產協議，相信公司將會逐漸恢復盈利。

EPi **EPI (Holdings) Limited**
長盈集團(控股)有限公司*
(於百慕達註冊成立之有限公司)
（股份代號：689）

**按記錄日期每持一股現有股份獲發五股供股股份之基準進行供股 一
按除權基準開始買賣股份**

茲提述長盈集團(控股)有限公司(「本公司」)日期為二零一五年十一月十二日之公佈及本公司日期為二零一五年十二月二日之通函(「通函」)，內容有關(其中包括)建議按記錄日期每持一股現有股份獲發五股供股股份之基準進行供股。除非另有指明，本公佈所用詞彙與通函中界定者具有相同涵義。

　　於 2015 年 12 月筆者留意到長盈集團的步署，公佈每持有一股供五股的形式進行供股，供股完成後現有股份將會大幅增加五倍，而供股價亦較當時股價有明顯的折讓。股份於最後實際可行日期收市價每股 0.190 元折讓約 26.32%，所以供股屬於大比例大折讓的供股，

而是次供股的包銷商為國泰君安證券以及一間 Always Profit Development Limited 公司。

以下簡稱為 Always Profit，首先 Always Profit 承諾將認購 7.02 億股供股股份以及同時擔任供股的包銷商，而供股亦不設有額外認購股份，假若股東不參與供股將由包銷商承包供股股份，令筆者相信供股是為了供乾股票為將來鋪路。

而每手買賣單位由 5,000 股股份更改為 15,000 股股份，更改每手買賣單位目的明顯是為了製造碎股，假設你本身持有 10,000 股長盈的股份，更改買賣單位後只剩一手碎股。手持的碎股亦只能透過安排的經紀負責對盤交收，而且亦不一定能夠成功將碎股賣出，到時侯小股東更加有欲哭無淚的感覺，因此完全減低小股東跟供的意慾。

包銷商 Always Profit 由張金兵全資擁有，筆者當時推斷供股的公眾認購額將會不足，張金兵認購股份後持股擴大至 18.54%，當然以供股未必做到一次性將貨源收乾。

第一次全購要約

直到 2016 年 8 月作出聯合公佈，國泰君安證券代表 Always Profit 就收購長盈集團控股 (689) 已發行股本中全部發行在外股份提出自願有條件現金要約，股份要約價為每股要約股份 0.145 元，而要約亦有分為有條件及無條件要約。當我們衡量去買入一隻全購股的時侯，有條件的要約代表當中全購過程有其他先決的條件，所有先決條件達成全購才會正式接納。

股份要約之條件

股份要約須待以下條件達成或獲豁免後，方可作實：

(i) 於截止日期下午四時正（或要約方可能根據收購守則決定之較後日期或時間）前就股份要約接獲（且於允許情況下未遭撤銷）之有效接納所涉及要約股份連同於要約之前或期間已擁有或同意將予收購之股份將導致要約方及其一致行動人士於截止日期持有長盈按全面攤薄基準計算之投票權超過 50%（經計及悉數行使所有未行使購股權附帶之認購權而將予發行之新股份）；

見到是次全購要約其中一項先決條件是新主及其一致行動人士須在要約截止前取得至少 50% 股權，而當然截止期限是可以延長。

當第一大股東張金兵有意全購長盈集團控股 (689)，理論上要先知會第二大股東有關事宜，因為張金兵手持長盈集團的股權不高，所以當第二大股東同意接納全

購的協議，成事的機會便會大大增加。結果於聯合公告內列明於本公佈日期，第二大股東吳少章持有合共437,129,850股相關股份，相當於長盈現有已發行股本約10.1%中擁有權益，其中391,174,730股股份由城添持有，餘下45,955,120股股份則由港駿寰宇持有，兩者均由吳少章全資擁有。

於2016年8月4日契諾人即城添、港駿寰宇及吳先生，為要約方之利益而簽立不可撤回承諾，據此港駿寰宇及城添向要約方承諾不會就相關股份接納股份要約。由於第二大股東不接納有關要約的建議，所以當時筆者預料全購仍然存在很大變數，而且提出的全購價跟當時現價相若，因此小股東於全購期間沽售股票的誘因不大。

全購要約要留意當要約一旦成為無條件，要約亦須於在各方面成為無條件後最少14日維持可供接納理論上綜合文件須於該聯合公佈日期起21日內寄發予獨立股東及購股權持有人。但由於長盈預期於2016年8月底公佈中期業績，所以寄發綜合文件之截止期限將延長至公佈業績後，令筆者猜測今次全購會否另存暗湧，而在公佈業績後出現峰迴路轉的劇情。

第二次全購要約

緒言

要約方分別於二零一六年八月二十五日(交易時間後)及二零一六年八月二十九日及二零一六年八月三十一日知會長盈董事會，其確實有意透過結好證券及八方金融按收購守則提出要約，以(i)按股份要約價0.168港元收購全部發行在外股份；及(ii)註銷全部未行使購股權。

隨後 BILLION EXPO INTERNATIONAL LIMITED 再向長盈集團控股 (689) 提出自願性有條件現金要約，股份要約價為每股要約股份 0.168 元，在全購的過程中相對較少機會出現兩方要約方，兩幫人同時爭奪公司股權形成競爭要約，但 BILLION EXPO 的提價明顯較高，結果 Always Profit 亦都同意自願撤銷要約，所以當時易手給 BILLION EXPO 的機會亦非常大。

作為投資者在買入時當然亦要留意新主的背景，BILLION EXPO 為孫粗洪實益全資擁有的公司，相信讀者對孫粗洪的名字絕不陌生。其代表作就是於 2009 年 6 月以 2200 萬港元收購百靈達國際 (2326)27.2 億股股權，2014 至 2015 年期間孫粗洪悉數將百靈達的股權沽出套現。

相對收購百靈達的股權及債項，加上曾經在 2012
年頭斥資近 6500 萬元參與供股，初步估算孫粗洪僅在
百靈達這隻股票上就賺了 16 億，值得一提的是百靈達
曾在港股大時代內爆升了 100 倍。孫粗洪除了是一個財
技高手外，亦很擅長引入新股東解救陷入困境的上市公
司，充當白武士去令公司浴火重生，孫粗洪亦被外界稱
為仙股大王，所以參考孫粗洪過往的套路，其沽手的股
票絕對有能力將股價炒上。當時於 2016 年底筆者以每
股 0.212 買入長盈集團，持貨約半年時間股價最高升至
0.72，相對當初的買入價有超過兩倍的升幅。

孫粗洪實則受控的公司

孫粗洪持有的股票	持股量
德祥企業 (372)	68.63%
伯明翰環球 (2309)	60.78%
長盈集團控股 (689)	58.05%
泰和小貸 (8252)	36.0%
環能國際 (1102)	29.28%
保華集團 (498)	23.65%
勇利航業 (1145)	19.08%

賭場猛人的炒作

　　人稱洗米華的周焯華旗下控有三間上市公司分別為太陽世紀集團(1383)、太陽國際(8029)及帝國集團環球控股(776)。當時憑著做疊碼仔起家,更將疊碼仔業務注入上市公司,除了做生意跟搞賭廳外,合作的人物及生意拍擋都來頭皆不小,2014年曾夥拍新世界集團鄭家純發展賭業。

　　當時國際娛樂(1009)主席鄭家純擬透過發行代價股份收購周焯華博彩中介公司,周焯華順利成章將賭場博彩中介業務借殼上市,而有關收購事項之框架協議延長獨家權期間,筆者相信因為入股後周焯華未能完全控制國際娛樂(1009)的主導權,而且又再額外撥出一筆資金去收購股權,加上又可能會被聯交所視為逆向收購,所以最終收購計劃基於種種原因被擱置,亦顯示周焯華有意將旗下博彩業務做多方面發展。

SUN CENTURY GROUP LIMITED
太陽世紀集團有限公司
（於開曼群島註冊成立之有限公司）
（股份代號：1383）

(1)有關收購太陽城集團旅遊有限公司之關連交易；
及
(2)業務發展及
可能集資之最新資料

直至 2016 年 7 月太陽世紀（1383）公佈收購太陽城集團旅遊之關連交易，將旅遊概念業務成功注入公司，以及將公司易名為「太陽城」。公司還透露除收購事項多元化澳門旅遊相關服務業外，集團擬進一步將其計劃旅遊相關業務擴展至亞洲市場其他國家，通過整合集團現時之酒店顧問服務業務，計劃為位於旅遊業快速增長地方之大型度假村或博彩及娛樂設施提供顧問、諮詢及技術服務。服務將包括有關該等度假村或博彩及娛樂設施之建設、設備配置及裝修工程以及為其籌備及安排營銷活動。

注入業務新憧憬

　　由此可以旅遊業務將會涵蓋多方面領域，更與其他亞洲地方共同發展旅遊項目，為太陽世紀集團注入新的概念及憧憬。收購完成後建議每持有 1 股現有股份供 3 股供股股份，同時根據特別授權發行可換股債券，供股所得預計不少於約 892.9 百萬港元及不超過約 952.3 百萬港元。

　　但值得留意約 803.7 百萬港元用於償還部分第三方貸款，根據公司 2015 年報顯示總負債高達 36 億港元，負債比率相對未供股前公司僅 3 億多市值大幅超過 10 倍。相對基本分析而言負債比率都係一個參考指標，特別適用於內房股身上，房地產開發商主要透過銀行借貸去支付投地金額、開發成本及建築成本等等。而負債比率高亦會影響公司的盈利收入及財務上有較大風險。

　　但套用於財技股及殼股而言，我們在選股上會忽略這些基本數據分析，因為相對上較為次要，買入財技股或殼股主要原因是享受短期股價爆升的潛在升幅及體現賣殼時將股票的價值釋放。所以假設上市公司發出公告有財技動作出現的時侯，都是我們衡量對公司會否存在利好的因素從而帶動股價上升。

	(i)於本公佈日期		(ii)緊隨於記錄日期前悉數行使所有尚未行使購股權後		(iii)緊隨完成供股後(假股供股獲所有合資格股東悉數接納)		(iv)緊隨完成供股後(假股合資格股東(名萃除外)概無接納供股)	
	股份數目	%	股份數目	%	股份數目	%	股份數目	%
名萃(附註1)	861,048,842	57.31	861,048,842	53.78	3,444,195,368	53.78	4,803,587,904	75.00
購股權持有人	–	–	98,881,243	6.18	395,524,972	6.18	98,881,243	1.54
鼎珮證券及其促使之認購人	–	–	–	–	–	–	861,048,842	13.44
其他公眾股東	641,265,883	42.69	641,265,883	40.04	2,565,063,532	40.04	641,265,883	10.02
總計	1,502,314,725	100.00	1,601,195,968	100.00	6,404,783,872	100.00	6,404,783,872	100.00

今次供股的包銷商為名萃及鼎珮證券，名萃由周焯華擁有 50% 及鄭丁港擁有 50%，名萃本身於 861,048,842 股股份中擁有權益，佔太陽世紀集團當時已發行股本之約 57.31%。所以筆者當時十分肯定供股原因為了收乾貨源，主席周焯華藉供股去增持股權。

好多時侯見到如果有供股通告公佈，其中一個判斷訊息就是大股東及關連人士有否跟隨供股，因為當如果大股東願意出錢供股，基本上和小股東也坐在同一條船上，在明在暗利益也緊緊相扣，供股完成後向下炒的機會也會相對減低。見到當時周焯華的名萃除了承諾供股，還同時擔任供股包銷商，自己賺埋包銷佣金外，重要的是將股價踢上時容易操控，最為貨源已盡在己手。

·

賭場猛人的炒作

藉供股供乾股權

　　由 9 月宣佈供股期間直到 12 月供股完成，期間股價並未見到有重大變化，見到徘徊在供股價附近上落，幕後人士刻意營造大比例供股價錢小比例折讓的情況，令股東願意自掏腰包參與供股的比例大大減少。今次供股結果於 2016 年 12 月正式出爐，已獲接納及申請之合共 3,605,650,054 股供股股份佔供股可供認購之供股股份總數約 80.0%，供股屬認購不足。

下文載列本公司緊接完成供股前及緊隨完成供股後之股權架構：

股東	緊接完成供股前		緊隨完成供股後	
	股份數目	概約%	股份數目	概約%
名萃*(附註)*	861,048,842	57.31	4,345,489,489	72.31
其他公眾股東	641,265,883	42.69	1,663,769,411	27.69
總計	1,502,314,725	100.00	6,009,258,900	100.00

　　根據包銷協議全部未獲承購股份乃由名萃認購，名萃緊隨供股期後合共持有太陽世紀集團 4,345,489,489 股股份，佔已發行股本的 72.31%，今次供股完完全全達致供乾的效果。當時跟隨筆者分析買入的讀者，基本上是立於不敗之地。

爆股策略王

104

隨後太陽旅遊與太陽城博彩中介訂立酒店住宿服務採購協議及船票供應協議，根據協議太陽旅遊可向太陽城博彩中介採購，而太陽城博彩中介可向太陽旅遊供應酒店住宿服務產品。另外船票供應協議的期限內太陽城博彩中介可向太陽旅遊採購，而太陽旅遊可向太陽城博彩中介供應船票。

　　結果股價於正式開車通往時光之門，短短三個月內股價由每股 0.26 元爆升至最高每股 0.86 元，以筆者買入價計算有兩倍多的升幅。

重組股票的爆升規律

坊間甚多股評人說重組股票必有一炒，筆者並不完全認同，撰文時心想到底要不要把重組股票的來龍去脈加進去，首先要明白股票重組的整個原理，從而先可以推敲出爆升的因由。極大部分進行重組的股票都因負債問題而須重組。

易大宗（1733）主要從事焦煤及其他產品的加工及買賣以及提供物流服務前稱永暉實業控股的易大宗於 2015 年 9 月發出公告，鑑於就重組公司於 2011 年所發行 500,000,000 美元，當中本金額約 309,310,000 美元目前仍未償還，就優先票據及股權投資的債務重組條款與債券持有人進行磋商，於 2015 年 11 月宣佈訂立重組協議。

建議債項重組將包括贖回尚未償付的優先票據及結付日期的利息付款，債券持有人接納現金代價、計劃股份以及或然價值權為全額結付。

首先易大宗今次的償方案將會以結合三種不同方式償付，建議計劃代價包括：

(a) 現金代價

(b) 計劃股份

(c) 或然價值權

　　同時亦建議進行磋商尋求自可能供股籌集 50,000,000 美元的所得款項淨額其將用於債項重組。或然價值權在股票重組的方案中相對會比較少出現，或然價值權（CVR）是面臨重大轉型的公司股東或被收購的公司提供的權利，確保股東在觸發某些事件時獲得額外收益，這些權利與期權具有相似之處。

　　因為通常具有與或有事件必須發生時間有關的到期日，簡單來說可以用一個認購期權的例子作為引導，假設港交所 (388) 現價每股 $195 港元，你看好下月因為外圍因素的利好消息刺激，恆生指數將會再創新高，港交所亦會跟隨大市走勢股價向上。所以你買入下月港交所行使價為 $200 的認購期權，假設下個港交所的股價如你所願每股升穿 $200，你便可以行使權利將期權平倉獲利。

而易大宗是次債項重組的或然價值權的面值為10,000,000美元，主要條款於發生觸發事件時向債券持有人作出的一次性付款，到期日自或然價值權發行日期起計5年。觸發事件將為本公司於任何指定年度的除稅前現金溢利超100,000,000美元，所以假設自或然權發起的5年內公司只要溢利達標，債券持有人便可行使其應有權利獲得10,000,000美元等值的現金或股份。

WINSWAY ENTERPRISES HOLDINGS LIMITED
永暉實業控股股份有限公司
（前稱「WINSWAY COKING COAL HOLDINGS LIMITED 永暉焦煤股份有限公司」）
（於英屬維爾京群島註冊成立的有限公司）
（股票代碼：1733）

(1)建議股份合併；
(2)建議按於記錄日期每持有1股合併股份獲發3股供股股份及9股反攤薄股份之比例以每股供股股份0.69港元進行供股；
(3)有關訂立包銷協議之關連交易；
(4)建議修訂組織章程大綱及細則；
(5)發行新股份之特別授權；
(6)發行或然價值權股份之特別授權；
(7)發行或然價值權；
(8)申請清洗豁免；
及
(9)特別交易

本公司之財務顧問
UBS AG香港分行

✳ UBS

獨立董事委員會及獨立股東之獨立財務顧問

Σ 新百利融資有限公司

包銷商
Famous Speech Limited

爆股策略王

108

合縱連橫的財技套路

直至 2016 年 3 月公司與債券持有人達成共識，公佈的重組方案基本上有上述的一連串措施，但相信好多人包括筆者見到都會嗤之以鼻，在下心想你使出的武功相對葉問套拳法更加厲害，難道能夠以一敵百嗎？所以這宗重組的刁過程非常非常之複雜，當中嘗試為各位讀者抽絲剝繭解構箇中重點要著眼留意的地方和條款。

筆者主要拆解為以下幾方面讓各位容易理解

I. 建議股份合併

董事會擬按每 20 股現有股份合併為 1 股合併股份的基準進行股份合併而零碎的股價配額將不計算在內。

一眾財技當中合股對股東而言殺傷力甚大，當時易大宗以 20 合 1 的方式去進行合股，以比例來說合股的規模可算是非常大比例，其實絕大部分的投資者對公司合股的反應都是負面，假設你買入該公司股票曾經有合股的紀錄，往後總會一不離二、二不離三，情況就有如一個無限的輪迴，有些投資者見到曾出現合股的公司都會避之則吉。

20 股合 1 股	合股前	合股後
股價	$0.1	$2
持有股份	20 萬股	10,000 股
每手買賣單位	2,000 股	2,000 股
股份總值	$20,000	$20,000
發行股本	10 億股	5,000 萬股

假設現時公司股價每股 $0.1，每手的買賣單位為 2000 股，發行股本為 10 億股，以 20 合 1 形式進行合股。假設你持有 20 萬股股份，股份的總值為 2 萬。

如果公司不更改每手買賣單位，每手的買賣單位為 2000 股，發行股本變為 5000 萬股，你將持有 1 萬股合併股份，股份的總值為 2 萬，合股完成後公司股價提高為每股 $2。

理論上合股之後持股的總值並沒有改變，但公司的股價跟已發行股本將會改變。

如果單單合股很大程度只是一個障眼法，所以首先要明白公司合股的用意何在。

假設同一隻股票以上述例子為例，每手的買賣單位為 2000 股，合股前股價每股 $0.1，買入一手成本為 $200 元。

　　合股後股價每股 $2，買入一手成本為 $4000 元，當中差距足足有 20 倍，變相大幅增加投資者的入貨成本，某程度上合股會令貨源收乾，因為合股後市場流通的貨源將會減少。

合股對公司的好處

有些股票合股的原因在於吸引基金入股，基金公司選股的條件眾多，包括會衡量股票的盈利增長、股東回報率、相對恆指表現等等。亦有些基金會表明只投資於50億市值或股價高於 $1 元的公司，所以合股的另一好處在於有助被基金挑選。某程度獲得基金青睞等同於有一種名牌效應加持，正面情況代表基金入股的公司有市場潛力，反映公司相對上現價仍然被低估。

以另一個例子作為比喻，MSCI 指數作為一個全球性編製的指數，有 2000 多家國際機構投資者採用 MSCI 指數作為基準，亦是國際投資者使用的基準指數之一，所以被選中納入 MSCI 香港指數及香港小型股指數的成分股，亦都表示這些股票算得上是新晉明星股票，在公佈加入後股價往往會出現升幅。

但在合股前要留意公司有否結合其他財技一起操作，通常有幾個項目要非常留意：

1. 供股

2. 削減股本

3. 更改每手買賣單位

危機指數 最高為★★★★★

合股	★
合股＋供股	★★★
合股＋供股＋削減股本	★★★★
合股＋供股＋削減股本＋更改每手買賣單位	★★★★★

合股只為了製造碎股

然而是次易大宗的重組協議包括合股和供股，按每20股現有股份合併為1股合併股份的基準進行股份合併，零碎配額不計算在內。其實好重要一點是合股很大可能會令你持有的股票成為碎股，當合股的比例越大時出現，碎股的機會便會越高。

以易大宗20合1的情況為例，當時的每股買賣單位為1000股，假設合股後不更改每手買賣單位，投資者要持有20股或以上倍數單位的股份，合股完成後才不會產生碎股。

公司解釋合股的原因是預期股本重組可能會令股價接近每股0.01港元的極點，建議股份合併預期將導致每股合併股份的市價越發遠離基礎價格極點。

根據港交所上市規則第 13.64 條

如發行人的證券市價接近港幣0.01元或港幣9,995.00元的極點，交易所保留要求發行人更改交易方法，或將其證券合併或分拆的權利。

所以當公司股價頻臨至接近極點的時侯，便會進行合股及分折股份將股價調整，假設你原先持有 18000 股共 18 手股票，經過 20 合 1 後你手上只剩 900 股碎股，連一手股票都不足夠在市場上交收。

但要注意寫明公司不會將個人股東有權獲得的任何零碎合併股份發行予該股東，所以今次合股基本上小股東大致不會參與，因為合併完成後假設不能夠拼湊成為一手完整股份，簡單來說公司會將你持有的權益注銷而不獲派發，但會彙集、出售及利益撥歸公司所有，將你原先持有等值的股票收益全部撥入公司名下，這種兇殘的手法只不過將搶錢合理化。

而作為重組協議的一部分於 2016 年 3 月 11 日，Famous Speech（作為包銷商）、王興春及控股股東集團簽訂包銷協議，董事會議決通過供股方式籌集約 50,000,000 美元，全部將用於向債券持有人支付債項重組中的現金代價，根據包銷協議 Famous Speech 已有條件同意悉數包銷供股。

包銷商承包股票的誘因

控股股東王興春已於包銷協議內承諾促使控股股東集團不會接納其供股配額而有關該等配額的供股股份將由 Famous Speech 根據包銷協議認購，Famous Speech 的股權總額最高將佔擴大後當時已發行合併股份約77.52%。

股東名稱	緊接供股(包括發行初步反攤薄股份)及債項重組(包括發行初步計劃股份)完成前		緊隨供股(包括發行初步反攤薄股份)及債項重組(包括發行初步計劃股份)完成後[1,2]	
	合併股份數目	佔已發行股份總數的概約百分比	合併股份數目	佔已發行股份總數的概約百分比
控股股束集團	75,912,505	40.24%	75,912,505	3.71%
包銷商	—	—	1,016,495,873	49.70%
核心關連人士	354,150[5]	0.19%	3,000,962[6]	0.14%
小計[7]	76,266,655	40.43%	1,095,409,340	53.55%[3]
分包銷商	—	—	—	0%[3]
其他公眾股束	112,393,271	59.57%	627,344,559	30.67%
債券持有人			322,706,001	15.78%[4]
合計	188,659,926	100.00%	2,045,459,900	100.00%

今次重組協議包括發行代價股份及反攤薄股份目的都是為了其一致行動人士用最少時間收集最多的股權，在此不多敘述。

結果於 2016 年 6 月 27 日公佈供股之配發結果，獲認購之 565,979,778 股供股，股份佔供股總數約33.7%，由於供股股份認購不足包銷商將根據協議包銷股份，當時筆者認為是次合股供股加上重組，大部分小

股東相信要沽貨的已經將股票沽出，易大宗的貨源已經清洗太平重新洗底，所以當時認為之後股價會有爆升空間。

於 2016 年 8 月底宣佈正式改名為易大宗後，結果不出所料股價隨後展開一段爆升之旅，筆者待爆升第一下回落橫行階後開始步署，待股價再確認突破後以每股0.51 買入，股價半年間時間升至最高每股 1.61，只要跟隨買入就有超過兩倍的升幅。

股票突然被停牌

當公司出現債務上的問題，亦會因公司內部財務狀況問題未能如常公佈業績，而被證監要求公司暫時停牌。

總括而言公司停牌的原因眾多

- 公眾持股量不足

- 公眾持股量低於最低要求且該上市證券缺乏公開市場時，需停牌

- 延遲公佈業績
  未在規定期限內公佈業績公告，需停牌

- 有消息需要公佈

- 進行重大的企業活動（如：供股或配股）

- 被質疑是否適宜維持上市地位或繼續股份買賣（例如公司被清盤、停止運作或涉及重大的訴訟或調查）

- 價格或交投量出現不尋常波動

- 聯交所認為上市公司嚴重地未能符合上市規則要求，例如上市公司未能作出定期的財務資料披露

- 公司主動提出的停牌申請：一般涉及重大的公司活動，以及公司是否適宜繼續上市或股票是否適宜繼續買賣等事宜

而假設買入一隻股票然後突然間被聯交所停牌，我們可以怎麼處理呢？

而該股票會停牌多久呢？

答案可以是一天，也可以是無限期，最重要是視乎公司被停牌的原因而決定。

股票停牌的因素

當公司進行一些重大的企業活動，亦可能會停牌以刊發最新狀況，例如涉及特別授權認購新股份，或一些非常重大收購事項，導致公司的股權因發行認購股份而出現重大變化，而令控股權出產生變動。

假若認購人不想認購股份後因持有公司超過 30% 股權而觸發全面收購，須要同時申請授出清洗豁免，當構成重大收購事項公司會申請短暫停牌，待重大收購事項及認股購份協議公佈後，公司可以隨即向聯交所申請復牌。

就上述兩項事項而須停牌，一般而言甚少會停牌兩星期以上，在作出公佈後翌日便會申請復牌，而在早前買入的投資者當認購股份構成將股權易手，更有可能在復牌當日股價高開。

上市地位受到質疑

　　但當上市公司被質疑是否適宜維持上市地位或繼續股份買賣，例如上市公司未能作出定期的財務資料披露，投資者買入該類股票就要小心，因為公司有被長時間停牌或除牌的可能，一旦買入隨時血本無歸。

UNION ASIA
ENTERPRISE HOLDINGS LTD
萬亞企業控股有限公司

（於開曼群島註冊成立之有限責任公司）
（股份代號：8173）

聯 交 所 通 知 本 公 司 除 牌

本公告乃由本公司根據聯交所創業板上市規則第9.17條及香港法例第571章證券及期貨條例第XIVA部之內幕消息條文作出。

　　根據公告萬亞企業控股（8173）悉接獲聯交所通知，表示聯交所根據創業板上市規則第 9.14 條至第 9.16 條已決定展開取消公司上市地位程序。

信函指出，就達成有關決定時，聯交所已考慮到如下：

 ⑴ 集團終止經營金屬買賣業務後，本集團沒有足夠的業務運作可支持其繼續上市地位

 ⑵ 集團自二零一六年六月起開始的新業務未能展示其可行性及可持續性

 ⑶ 集團資產無法產生足夠的收益及利潤以支持其繼續上市地位

根據《創業板規則》第 17.26 條規定發行人須有足夠的業務運作（不論由其直接或間接進行），或擁有相當價值的有形資產及或無形資產（就無形資產而言，發行人須向本交易所證明其潛在價值），其證券才得以繼續上市。

避免買入帳目不明的股票

聯交所對此定義並沒明確的指引，亦無足夠的量化準則，而是基於個別情況再作評估。但我們可以從年報中核數師提供的意見作為參考標準，核數師的責任是令財務報表作出真實而公平的反映以使財務報表不存在由於欺詐或錯誤而導致的重大錯誤陳述。基於是獨立於上市公司的第三方，所以對公司披露的財務資料不存有任何的偏袒。如核數師對上市公司的財務報表作出保留意見，反映公司的會計帳目未必如實地向外披露，在投資的層面上亦應盡量避免這些股票。

獨立核數師報告指出萬亞企業控股 (8173) 之流動負債淨額及負債淨額分別為 15,500,000 港元及 348,800,000 港元。連同綜合財務報表其他事宜均存在重大不明朗因素，對集團持續經營之能力存有重大質疑。

對於除牌的制度下交易所根據《創業板上市規則》第 9.15 條的情況下行使其除牌權力，會給予發行人通知，表示交易所要求發行人於六個月內補救該等引致本交易所打算行使其除牌權力的事情（或向交易所提交補救有關情況的建議），所以萬亞企業控股 (8173) 於停牌

的六個月內可向聯交所提交復牌建議，倘提交的建議令交易所滿意，將獲准其公司得以復牌。

　　假若萬亞企業控股 (8173) 未能提交令聯交所接納的復牌建議，上市公司的上市地位將會被取消，而公司將會被申請清盤，買入的投資者可說是欲哭無淚。

資不抵債將被清盤

如一間公司的資金不能抵償負債，債主可以從民事法追討，最後法院出強制清盤令，在清盤令頒布後獲委任的臨時清盤人，清盤可以區分為自動清盤及強制清盤。

自動清盤：該公司成員例如合伙人、有限公司股東的意願下主動清盤，把資產出賣，變回現金，分派給債主及股東等，結束其公司法律個體。

清盤呈請人在提交清盤呈請後，如果認為公司的資產陷於險境，呈請人可透過其代表律師向法院申請，委任會計師或律師等專業人士為臨時清盤人，又稱破產管理人。臨時清盤人會在法院頒布清盤令後，將清盤公司的一切資產收集及變賣，以求債權人獲得發還最高額的債款。

進行清盤的公司普遍都會涉及債務上的問題，當整體經濟環境暢旺時上市公司便會大幅舉債，然後進行大規模的投資發展，但突如其來一個市場環境逆轉，或者投資上出現嚴重虧損，當債權人要求你公司立即還債。

但問題在於你將資金用作項目的前期投資，在市場亦找不到第三方的融資渠道，而供股配股亦都未能夠符合你資金上的需要。

你有兩個做法選擇

1. 將股權抵押取得一筆新資金

2. 將公司申請清盤

作為一間上市公司的主席，你會把幾億元的上市地位拱手送給別人嗎？

所以抵押股票這幾年在市場開始流行，部分股票會透過抵押股權將整隻殼易手。

抵押股票的來龍去脈

　　根據上市條例第 10.07 條對新上市後控股股東出售股份的限制並不阻止控股股東將他們實益擁有的證券抵押包括押記或質押予認可機構作受惠人，以取得真誠商業貸款。

　　新申請人的控股股東須向發行人及本交易所承諾，自新申請人在上市文件中披露控股股東持有股權當日起至其證券開始在本交易所買賣日起計滿 12 個月之日期止期間：

(i) 如將名下實益擁有的證券質押或押記予認可機構作受惠人，其將立即通知發行人該項質押／押記事宜以及所質押／押記的證券數目

(ii) 如到承押人任何該等用作質押／押記的證券將被沽售，其將立即將該等指示內容通知發行人

　　簡單來說控股股東於上市公司上市一年內曾經作出股票抵押，不論抵押的原因為何，都必須向上市公司呈報以及向港交所及股東作出披露。而有關於股票抵押的資料詳情可以參考港交所的網站。

　　對於股份質押所需要披露的資料為下列三項

（1）所質押股份的數量及類別

（2）經作質押的債項款額、擔保額或支持款額

（3）認為對了解該等安排所需的任何其他詳情

　　讀者只要細心查閱股份質押的通告，所有的條款都會在通告上會清楚列明。所以當控股股東於上市公司上市滿一年後作出股票抵押，原則上不需要及時向港交所及股東主動申報，很多時侯不熟悉當中運作未必能夠知道買入的公司曾經有將股票進行抵押。

　　當控股股東將股票抵押予第三方人士以獲得貸款，該等股票的控制權完全落入他人手中，而將股份抵押該等股票都會有一個價值，行內會稱之為按倉值。

　　通常會將該等股票的認可價值加上融資比率去作計算，按倉的價值一般都會比股票現價存有折讓，當股價跌穿按倉值若不及時補倉，貸款人可以將該等抵押股票於市場沽售以收回部分成本，市場俗稱為之斬倉，好比你去問銀行貸款買樓一樣。

抵押股票的來龍去脈

真抵押還是假借錢

筆者以輝山乳業 (6863) 作為例子，於 2017 年 3 月 23 日的收市價為每股 2.80 港元，計及當時市值為 377 億元。但翌日股價隨即出現急劇大跌，開市僅半日便被聯交所要求停牌，停牌至今超過三個月仍未獲復牌通知，事後輝山乳業發出股價的不尋常下跌通告。

當中指出中國銀行對輝山乳業 (6863) 進行審計並發現集團公司製作大量造假單據，且公司的控股股東楊凱挪用集團人民幣 30 億元投資中國瀋陽的房地產，對此公司否認曾批准製作任何造假單據並不認為有挪用的情況，同一份公告確認於 2017 年 3 月 23 日楊凱與 23 家銀行債權人召開會議，尋求銀行債權人的保證其貸款將按正常方式續貸。

由於大股東楊凱的冠豐有限公司向平安銀行質押 34.34 億股輝山股份，冠豐還為楊凱本人的貸款質押了 19.42 億股股份，為楊凱控股的其他公司質押了 7.5 億股股份以取得貸款，並在股票帳戶中存入 33.48 億股作為冠豐獲得保證金融資質押，四項質押合計股份高達 95 億股，佔公司已發行股本約 70.50%。

上市法團名稱：　　　中國輝山乳業控股有限公司
日期(日/月/年)：　　30/05/2016 - 30/05/2017

如欲觀看披露權益通知之內容，按於「有關事件的日期」欄位下萬關連結。
*註釋：（L）- 好倉，（S）- 淡倉，（P）- 可供借出的股份

大股東 董事當為行政人員名稱	市出的股票 的原因	買入/賣出或涉及的股份數目	每股の平均價	持有權益的股份數目（請參加已持有列開事件的目 參閱上述 * 註釋）	本之百分比(日/月/) (%) 年)	在相關法團股份 債權證權益 權益
Champ Harvest Limited	103(L)	250,879,000(L)	HKD 0.394	9,535,896,316(L)	70.76(L)24/03/2017	
楊凱	122(L)	250,879,000(L)	HKD 0.394	9,661,989,316(L)	71.70(L)24/03/2017	
葛坤	122(L)	250,879,000(L)	HKD 0.394	9,661,989,316(L)	71.70(L)24/03/2017	
Champ Harvest Limited	115(L)	31,000,000(L)	HKD 2.921	9,786,775,316(L)	72.62(L)17/03/2017	
楊凱	122(L)	31,000,000(L)	HKD 2.921	9,912,868,316(L)	73.56(L)17/03/2017	
葛坤	122(L)	31,000,000(L)	HKD 2.921	9,912,868,316(L)	73.56(L)17/03/2017	
Champ Harvest Limited	103(L)	37,250,000(L)	HKD 2.910	9,817,775,316(L)	72.85(L)16/03/2017	
楊凱	122(L)	37,250,000(L)	HKD 2.910	9,943,868,316(L)	73.79(L)16/03/2017	
葛坤	122(L)	37,250,000(L)	HKD 2.910	9,943,868,316(L)	73.79(L)16/03/2017	
Champ Harvest Limited	117(L)	358,000,000(L)		9,855,025,316(L)	73.13(L)22/12/2016	
中國平安保險(集團)股份有限公司	104(L)	358,000,000(L)		3,434,000,000(L)	25.48(L)22/12/2016	
平安銀行股份有限公司	104(L)	358,000,000(L)		3,434,000,000(L)	25.48(L)22/12/2016	

　　翻查輝山乳業於中央結算系統的持股分佈，見到於 2016 年 12 月 22 日中國平安的持倉量增加了 34.34 億股，當時公司並沒有就控股股東為質押公司股份作出披露，如各位讀者不仔細留意 CCASS 的股權分佈，不容易察覺輝山乳業曾經將股份抵押，向平安銀行質押 34.34 億股輝山乳業以換取 24 億元的銀行貸款。

　　如果公司有意以抵押股票的形式將股權易手，最主要第一留意所抵押股票所佔的持股比例，第二是該批抵押股票所得到的貸款金額。

首先第一點是抵押股票所佔的股權比例，最重要考量是抵押股票後舊主會否失去公司的控制性股權。假若大股東原先持有公司的 51% 股權，悉數將股票抵押予取得貸款，就符合第一點所抵押股份的數量。在於新主的立場來說，怎樣能夠完全控制一間上市公司呢？

就是可以安排自己友好人士加入董事局成員，控股董事局日常運作以及就常規議案進行投票決議，基本上就可以完全操控一間上市公司。所以新主所取得的股權至少達 51% 作為分界點，因為在易手後可以避免再以供股配股去增加股權，以免導致費時失事亦杜絕了被舊主耍一個回馬槍的機會。

第二點是抵押股票所獲得貸款的金額，我們所評核的標準是以抵押的金額相對當時殼價作為指標，以前文為例舊主抵押51%主板上市公司的股權，以獲取一筆3.5億元的援助貸款。相對 2017 年主板的殼價為 7 億元，這樣我們便可合理地認為新舊主透過抵股票交收。

拆解輝山乳業暴跌之謎

輝山乳業主席楊凱幾乎將自己持有的股權全數抵押予二十多間銀行及十多間金融借貸公司，那這樣算是抵押賣殼還是真的貸款融資呢？關鍵點在於抵押的股票存放於一間證券商或是多間證券商。

假設新舊主協議以抵押形式進行交收，新主會委派一間券商或銀行去代為持倉在於新主的角度，又假設性一個問題，假設你有 1000 萬現金準備存入銀行，你會否將現金存入十間不同的銀行。

又或者你會否用十間不同的券商去買賣股票，聰明的你們當然不會，那試問真金白銀用幾億去買殼的金主又會不會？所以就算公司有曾經作出抵押股票，要留意股票是否從一間證券商存放至另一間證券商，當中會有轉倉的動作出現，如果皆符合以上條件透過抵押股票去達致賣殼的機會便會非常之高。

但如果抵押股票該等股票分散至不同的證券商，我們相信公司目的仍然以貸款為主。所以大家會發覺輝山乳業會將股權分散抵押至不同銀行及券商以獲取更高的

貸款額，如果是上述的情況出現以特別小心，公司無法
償債而被銀行及債權人追數的時侯，當公司亦無流動資
金去穩住股價的表現，萬一下挫至觸發斬售的臨界點，
股價會暴發式的向下急插。

　　觀乎輝山乳業於 3 月 24 日的走勢，上午收市前只
用了不足半小時令股價大跌 9 成，因為當股價突發式急
跌而無買盤承接下，個個都不問價沽貨，只會發生人踩
人的局面，但如果能夠捕足到股價見底反彈，短線都係
一個投機獲利的機會。

股價暴跌事出必有因

其實事出必有因早於 2016 年底沽空機構渾水曾經發表報告指輝山乳業，通過公司虛假宣稱苜蓿草全部自供來誇大利潤率及批評即使輝山之財務沒有造假，該公司也似乎處於違約邊緣。

輝山大部分已發行股份已作為貸款之抵押品，倘借款人無法支付保證金，長期持有人將面臨重大風險，但公司針對渾水之報告作出澄清後，控股股東楊凱先後多次場內買入公司股票。

楊凱早從 2014 年底起通過其控制的冠豐在兩年內 51 次增持股票，持股比例從最初的 49.73% 不斷增持至 74.06%，當中可能透過向銀行借貸的部分金額買回公司股票，以此托高股價向外製造利好消息，然後再擴大向銀行及其他金融機構借貸。

- 香港法院拒絕凍結本公司香港資產的申請。
- 本公司需要更多時間核實其財務狀況後，方能向股東提供更新。
- 宋昆岡先生、顧瑞霞先生、徐奇鵬先生及簡裕良先生已呈辭本公司獨立非執行董事及其在本公司的職責，自二零一七年三月三十一日起生效。
- 由於所有獨立非執行董事的辭任，本公司剩餘的董事為楊凱先生，葛坤女士，蘇永海先生，徐廣義先生及郭學研先生。他們均為本公司執行董事。

雖然控股股東楊凱稱與銀行債權人召開會議磋商債務問題，但自公司停牌後負面消息接二連三，包括被債權人入稟法院申請下凍結香港的資產，被匯豐銀行指控未有遵守貸款協議。但最重要的是公司內多名非執行董事及執行董事相繼跳船，由於現時董事會成員只剩主席楊凱，根據公司章程細則香港的上市公司的董事會至少須增加三名獨立非執行董事，以符合香港交易所的《上市規則》。

中國輝山乳業控股有限公司董事會（「董事會」）成員載列如下：

執行董事
楊凱（主席兼首席執行官）

董事會設立四個董事會轄下委員會。各董事會成員在該等委員會中擔任的角色如下：

董事	董事委員會			
	審核委員會	薪酬委員會	提名委員會	食品質量與安全諮詢委員會
楊凱			委員	主席

香港，二零一七年五月二十六日

在上市公司委任的獨立非執行董事當中，必須至少有一名具備適當的專業資格，或具備適當的會計或相關的財務管理專長。董事人數低於公司章程細則所規定最少 3 名董事的要求，所以現時董事會不能夠代表公司行事。

雪中加霜的是輝山乳業由自願性變為被證監會勒令停牌，證監會過去多次根據證券及期貨條例勒令上市公司停牌，包括 2015 年 7 月的漢能薄膜發電，雖然集團已與證監會就復牌條件達成一定共識，但至今仍然停牌，所以若聯交所不接納公司的復牌建議，一眾買入的投資者只能眼睜睜成為大閘蟹。

　　證監會認為需要維持有秩序及公平的市場，維護投資大眾利益。

沽空機構賺錢模式

　　有讀者都會想問為何沽空機構要大費周章去調查上市公司的業務運作，從而刊發公告唱淡該上市公司，回歸原點這就是沽空機構的 Business Model。

　　要知道去收集一些上市公司機密的資料，而且還要進行深入調查並不容易，沽空機構亦不是一盞省油的燈，在調查過程如發現上市公司的業績有瞞騙失實或盈利誇大等等。會向公眾披露調查報告的內容，而沽空機構會事先沽空上市公司的股票，但沽空機構本身不持有該公司股票，而透過孖展去借貸沽空，所以針對上市公司某一項問題，通常給予該公司的投資價值為 0，最大程度將該沽空的公司負面化，目的就是為了做成市場恐慌性拋售。

可被沽空的股票

根據現時香港法例禁止任何人出售本身並無持有的股份，除非在出售時擁有一項即時可行使而無條件的售賣權利，如擁有相關股份的期權、權證或可換股票據，普遍的做法是在沽空前與持有股份的人士訂立有效的股份借貸協議。

而投資者可要求經紀行作出股份借貸安排，所以沽空機構跟借股方其實是一種對賭的局面，除了要付上貸款利息之外，假如市場反應未如理想股價未能造成急跌，反而有機會賠了夫人又折兵，所以面對沽空機構的來襲，上市公司可以向聯交所申請將公司停牌，以時間去換取空間其後再作出澄清報告，避免公司的股票短時間內被大幅拋售。

以漢能薄膜發電集團 (566) 為例，2015 年被美資機構沽空狙擊質疑其股價和財務資料遭到操縱，至今漢能薄膜停牌逾兩年仍未復牌，最大損失的可說是買入該股票的投資者。

所以我們只能盡量避免買入這類股票，而基本上細價股殼股都不是沽空機構的首選，因為細價股本身的流通量相對較低，所以可被沽出股票的數量不多，皆因細價股普遍的市值只有幾億元，沽空機構根本不會放在其目標內，因為就算能夠沽出的獲利空間亦有限，作為沽空機構當然是大雞不吃細米。

而目前並非所有股票均可沽空，被港交所列為「可進行賣空的指定證券」才可進行沽空。所以當上述可進行沽空的股票短時間內股價不合理地被大幅炒作，要小心當中可能存在被機構沽空狙擊的伏線。

21 章公司的謎思

21 章公司主要目標為投資上市或非上市公司證券，這類公司亦可投資於其他集體投資計劃（可以認購 IPO），其他包括認股證、貨幣市場工具、商品、期權及期貨合約，亦可以會投資於非上市公司的項目，形同天使基金的投資者孕育初創企業共同成長，假設初創企業幾年後能夠脫穎而出成功上市，作為投資者亦享有巨額的潛在回報。

21 章公司主要為目標的投資工具，除此之外公司並無其他活躍的業務，本身不能直接參與業務運作及不能擁有控制性股權，只因 21 章公司先天性受到上市規則種種限制，上市文件所載的投資目標、政策及限制，未經股東同意在至少三年內不得更改。

所以亦甚少 21 章公司能夠透過賣殼活動刺激股價爆升，正因如此雖然貴為主板上市的公司，但其殼價的價值相對上還不及一隻創業板的股票。

何謂 21 章公司

- 21 章公司是根據聯交所《上市規則》第 21 章在主板上市的公司

- 21 章公司需符合的上市規定及披露標準有別於其他上市公司

- 合資格在主板上市的投資公司無須具備業績紀錄

- 上市時亦無須符合最低市值規定

- 其他在主板及創業板由公眾持有股份的市值則至少分別須達 1 億元及 3,000 萬元

看起來這類公司上市很容易，但是上市模式和營運管理都會受到一定限制。上市模式有別於其他聯交所上市公司可以公開發售形式上市，只可以通過配售形式上市，說回這裡豈不跟全配售上市的創新股一樣。

上市初期就已經圍好飛全配售給自己人，但要留意配股的數量跟配售的對象都有限制，上市條件規定 21 章公司首次上市時配售股份予任何人士，最多不得控制 30% 股權或以規定會觸發強制性公開要約所需的其他百分比。

簡單而言任何人士包括股東董事不能持有超過 30%
股權。而且招股時只允許配股予機構投資者，以及身家
在 800 萬元以上的專業投資者參與。

　　投資者可以就披露易及年報公佈得悉公司的資產淨
值及投資方向，最能夠讓這類公司受惠在於投資帶來的
升值幅度，而公司通常會聘請投資經理作為代表，所以
投資經理的表現亦影響到公司盈虧狀況，而且當中的操
守及經驗亦十分重要。

　　投資者會發現其資產值相對會高於公司股價，正因
為 21 章公司受太多因素所限制，在市場上缺乏一個明
確的投資焦點，沒有資金流入下導致平時的交投量疏落，
股價的表現自然亦黯然失色。所以如果讀者要買入時都
要加以衡量，一旦當這類公司其中一隻出現炒作，連帶
整個版塊的 21 章公司股價都會上升。

21 章公司受上市規則限制

如投資公司屬新成立者，除本交易所同意及於上市時刊發的上市文件說明外，上市文件所載的投資目標、政策及限制，未經股東同意，在至少三年內不得更改，投資公司欲根據規定保留其上市地位。

投資公司不能自行或聯同任何核心關連人士取得有關投資的法定或有效的管理控制權，而在任何情況下，投資公司亦不能擁有或控制任何一間公司或機構超過30% 的投票權，投資公司將合理地分散投資，一般意指投資公司持有任何一間公司或機構所發行證券投資的價值，不得超過投資公司於進行該項投資時的資產淨值的20%；年度報告及帳目包括列出所有價值超逾投資公司總資產 5% 的投資及至少十項最大投資，並提供有關的比較數字。

投資公司須於每月最後一天後十五日內按照《上市規則》第 2.07C 條的規定公佈其每月月底的資產淨值。它們能夠為股東帶來的最大好處，便是其個別投資項目的升值，先天性與後天性的本質都接近基金。

授出購股權的意圖

根據購股權計劃

授出之購股權數目，不得超逾股東批准該計劃當日的已發行股本之 10%，而已授出尚未獲行使之購股權數目，亦不得超過已發行股本之 30%。每名承授人可獲的購股權上限有以下規定：

- 在任何 12 個月內獲發的購股權（以及其他期權）數目須少於已發行股本之 1%
- 若多於 1%，須提交予股東特別大會，尋求股東批准
- 各合資格人士於要約日期屆滿前十二個月期間內因行使其獲授購股權
- 而獲發行及將獲發行的股份總數不得超過本公司已發行股本 1%
- 倘進一步向合資格人士授予購股權將超出該限額，則須在股東大會獲得股東批准，而有關合資格人士及其聯繫人士須放棄表決
- 所授出購股權不設行使前必須持有的最短期限

行使價會以下列情況的最高者：

授出日期當日的收市價；

授出日期前連續五個交易日的平均收市價；

當我們在研究購股權通告時必須留意以下幾項重點：

- 關連承授人的身分及其本身持股比例

- 授出份數是否用盡 10% 授權

- 授出時間是否處於股價的低位

- 行使的年期

掌握購股權的炒作

中國家居 (692) 主要從事買賣木製品及提供室內設計服務，銷售布料及成衣及其他相關配飾，於中國從事鐵鈦勘探及開發及開採、證券投資、時裝業務、放債業務及提供信息及技術服務以及銷售相關產品。

2016 年 7 月公司發出通告指向承授人授出購股權，當時筆者開始著眼留意中國家居的走勢，一般而言公司向管理層或員工授出購股權，大部分僅收取 1 元象徵性代價，授出購股權的上限可以透過每年的週年股東大會更新。

CHINA HOUSEHOLD HOLDINGS LIMITED
中國家居控股有限公司
(於百慕達註冊成立之有限公司)
(股份代號：692)

建議重選董事、
發行及購回股份之一般授權、
更新購股權計劃之上限
及
股東週年大會通告

中個家居 (692) 根據 2015 年 6 月股東大會結果，批准採納更新該購股權計劃之可發行股份，於當時實際日期已發行股份總數為 3,403,655,873 股。換言之經更新上限授出之所有購股權獲行使，而發行之最高股份數目將為 340,365,587 股。

更新授權後公司沒有即時根據計劃授出購股權，然而相隔一年中國家居發出授出購股權公告，向若干合資格人士授出可認購合共 340,000,000 股公司普通股之購股權。

於股東週年大會日期，本公司之已發行股份總數為 3,403,655,873 股，相當於賦予持有人權利出席股東週年大會並於會上投票贊成或反對該等決議案之股份總數。本公司股份並無賦予持有人權利出席股東週年大會並僅可於會上投票反對任何提呈之決議案。本公司任何股東於股東週年大會上就任何提呈之決議案進行投票時，並無受到任何限制。

基於授出購股權的比例用盡已發行股本上限的 10%，所以符合筆者第一個前題假設。再睇若干合資格人士為何等人士，不出預期已授出合共 340,000,000 份購股權中，當中 52,000,000 份購股權乃向公司董事授出，每份購股權之行使價為 0.133 元。

上市公司向員工發購股權
常見股份支付交易有兩種：
一為以現金結算以股份為基礎之交易
二為以權益結算以股份為基礎之交易

授出購股權理論上跟增持股票無異，但購股權未必會被即時行使而發行股份，因為每股購股權皆會有其行使價，當股價低於其行使價的時侯當然不會被行使，皆因行使購股權的有效期最長為 10 年，所以一般的購股權都是以 10 年為限，這樣對承授人來說是最有利的條件。

有些公司會將授出的購股權，限制承授人按年期分階段行使，但對於購股權的承授人對象並沒限制，上市公司可以對員工發行購股權用作激勵員工，當達成額外的績效目標，公司向員工授出購股權，除非已達成績效目標，否則向承授人授出的購股權將失效，以購股權來激勵員工表現，同時亦為公司創造更大的盈利。

根據上市規則第 17 章規定

購股權計劃目的是吸引、挽留及鼓勵能幹之僱員致力達成公司制定之長期表現目標，同時激勵僱員更努力為公司利益效力。任何購股權計劃實施前，須先提交予股東特別大會並獲得股東批准。

然後再看授出購股權的價格相對公司最近幾年股價的表現，見到購股權的行使價都是處於平均歷史低位。

下述四個主要因素衡量購股權契機的條件皆達成

- 包括用盡購股權可予發行股份的上限

- 承授人為執行董事及非執行董事

- 購股權行使價相對歷史股價處於低位

- 10 年行使購股權的有效期

雖然公司作出通告後股價有一個小回調，但授出購股權後便與廣州京港投資公司簽訂戰略合作協議，就智慧家庭＋互聯網金融領域展開深入的合作，中國家居(692)主力於智能家居、家居裝修及家居產品的業務。而京港投資公司投資於文化、新能源汽車等產業，亦擁有一支由各專業領域人士組成的實戰團隊，相信雙方合作對股價有一個刺激炒上的誘因。

而當時股價低於購股權的行使價，筆者見到股價於低位找到支持後趁勢回升時買入，於 2016 年 9 月底以每股 0.11 元買入中國家居 (692)。回望過去買入的時侯已經是低位，最後用了七個月時間股價最高爆升至每股 0.60 元，比起筆者當時買入價有超過四倍升幅。

短線爆升的燃點

悅達礦業 (629) 的主要業務為勘探、開採及加工處理鋅、鉛、鐵及金，以及買賣鐵礦石及相關產品。觀乎公司業績基本上年年皆紅，根據 2016 年中期報告顯示，公司期內虧損為 2,900 萬，雖然對比 2015 年逾億元的虧損有明顯改善，驟眼看來看似沒有太大的投資價值，而悅達礦業平時的交投量十分稀疏。

筆者留意到是源於 2016 年 11 月中，股價突然爆上成為港股二十大升幅榜的股票，當晚收市後悅達礦業公佈有關認購新股份之關連交易。

按每股認購股份 0.38 元向認購人配發及發行 250,000,000 股新股份，認購人一致行動之任何人士為胡懷民、祁廣亞及柏兆祥，三方皆為公司的執行董事及非執行董事，當時透過悅達礦業持有公司已發行股本約 44.33%，值得留意雖然承授人為公司董事，但竟然以溢價的方式去進行配股，很大程度反映覺得股票的現價被低估，簡單來說就是公司的管理層自己增持股票，所以對投資者來說是一個利好的訊號。

由於認購人為本公司控股股東，因此根據上市規則第 14A.07(1) 條為公司之關連人士，認購事項將構成公司之一項關連交易，須於股東特別大會上尋求獨立股東批准認購協議。筆者相信為了令股東大會更容易獲得通過，所以捨棄以普遍折讓的價錢進行配股，同時申請清洗豁免避免因增持股票而須作出全面收購。

根據公司收購及合併守則

當某人或某群一致行動的人士

(i) 買入一間上市公司 30% 或以上的投票權或

(ii) 已經持有一間上市公司 30% 以上，但不多於 50% 的投票權，並在隨後任何 12 個月的期間內，再增持 2% 以上的投票權。

則有關人士便必須提出全面收購建議，買入該上市公司餘下的股份。

這稱為「強制性全面收購建議」。

短線爆升的燃點

董事會欣然宣佈，決議案已於股東特別大會上獲股東以投票表決方式正式通過。
股東特別大會之投票表決結果如下：

普通決議案 *(附註)*	票數 （概約百分比）	
	贊成	反對
1. 批准認購協議及其項下擬進行之交易以及特別授權	46,013,892 (81.19%)	10,657,000 (18.81%)
2. 批准清洗豁免	46,013,892 (81.19%)	10,657,000 (18.81%)

　　所以當控股股東增持 2% 以上的股權而不想觸發全購協議，必須向證監當局獲授出清洗豁免，而當時悅達礦業的市值只有僅 3.12 億，就算不計及其資產總值及現金價值，單單以殼價估算就折讓一半有多，而配股完成後貨源更加歸邊亦有利炒上。

　　筆者亦預期決議案將會順利獲得通過，於同年 11 月中以每股 0.335 元買入悅達礦業 (629)，當然筆者亦準確預算之後股價走勢，結果持貨約半年時間股價最高升至每股 0.74 元，比起當初的買入價有超過一倍升幅。

供股供乾的炒作

　　亨泰（197）主要業務為銷售及買賣包裝食品、飲料、家庭消費品、化妝品及冷凍鏈產品，種植、銷售及買賣新鮮及加工水果及蔬菜及提供物流服務。筆者主要見到亨泰的股價有近一年時間在低位俳徊，因為本身股票平日的交投量不多，可以用相對少資金就足以炒起股價，但如沒有刺激股價上升的催化劑，極其量只能說用低位買入股票，但你永不知道甚麼時侯股價將會炒起。

　　本來亨泰主要集中於食品貿易的業務，公司於 2016 年以 2,342 萬收購國新證券的股權，國新證券可從事第一類證券交易買賣的業務，相對來說主營食品貿易的盈利連年錄得虧損，透過收購金融業務的範疇為公司轉型。

　　國新證券可從事第一類證券交易買賣業務，而證券及放債業務能夠帶來穩定利息收入，借貸行業在市場上的需求仍然高速增長，基本層面筆者也憧憬收購後會帶動股價向上，因為相信公司的盈利將會有所改善。

但買入的主因直至 2016 年底亨泰 (197) 公佈建議增加法定股本，以每持有一股現有股份獲發一股供股股份的基準進行供股，因為供股的比例將導致已發行股本增加 50% 以上，亦需要通過股東大會方可獲得批准。

當時主席林國興透過 Best Global 持有公司股權 12.11%，執行董事李彩蓮透過 World Invest 持有公司股權 3.17%，雙方皆按協議不出售股權及認購其供股將獲配發的股份，而亨泰在供股前公司亦持有逾 4 億元的流動現金，所以今次供股的目的明顯不在於供錢，而是希望藉供股將貨源重新歸邊，而在供股期間只要不出現炒作引致股價上升。當供股價對比當時股價只出現小折讓或無折讓，基本上小股東參與供股的意慾會大大降低，雖然公司董事承諾跟隨供股，但筆者預期供股期間股價不會有太大的炒作，所以仍然等待供股結果公佈再作打算。

	緊接供股完成前		緊隨供股完成後	
	股份數目	*概約%*	*股份數目*	*概約%*
Best Global	108,980,564	12.11	217,961,128	12.10
World Invest	28,558,893	3.17	57,117,786	3.17
陳卓宇 *(附註)*	94,977,984	10.55	521,955,073	28.99

亨泰 (197) 於 2017 年初完成整個供股過程，值得留意獨立第三方陳卓宇供股前未有披露持有公司股權，於緊隨供股完成後的股權當中，於 Glazy Target Limited 所持有的 132,864,178 股股份中擁有視作權益，另外 389,090,895 股股份由陳卓宇自身持有，所以供股完成後陳卓宇於亨泰的持股量急升至 28.99%。

各訂約方

賣方：　　　　　　　Glazy Target Limited

賣方之擔保人：　　　陳卓宇先生

買方：　　　　　　　Fiorfie Trading Limited

就董事於作出一切合理查詢後所深知、盡悉及確信，賣方及其最終實益擁有人（即擔保人）均為獨立第三方。

將予收購之資產

根據買賣協議，買方有條件地同意購買，而賣方有條件地同意出售銷售股份（相當於目標公司之100%股權）及銷售貸款。銷售貸款為免息、無抵押及按要求時償還。

陳卓宇早於 2015 年將富豪匯之百貨公司業務出售給亨泰，而亨泰透過發行代價股份完成收購，當中今次陳卓宇再次增持公司的股票，只略略低於須作出全面收購的比例。根據資料顯示陳卓宇現年三十九歲，曾為知名經紀行之機構銷售執行董事，並於投資銀行、證券、首次公開募股、和衍生產品方面擁有超過 12 年的經驗，而隨後亨泰亦將一間全資附屬公司金濤出售。

而金濤則主要從事建於該土地上的物流中心的倉儲、食品加工及物流服務，該土地乃位於中國中山市，回顧 2016 年報指出快速消費品貿易業務及物流服務業務的收入貢獻，錄得超過百分之十的跌幅，主要乃由於市場需求疲弱及競爭劇烈所致，今次指出售附屬公司集團稱為惠東市的新物流中心整合，但實則上亦涉及一個清殼的舉動。

　　當時筆者認為整個行動已將近完成，股價相對應是時侯準備炒上，筆者於一月底以每股 0.28 元買入，持貨約四個月時間股價最高爆升至每股 0.85 元，相對筆者當時買入價足足有兩倍升幅。

全購要約及私人要約
分別

普匯中金國際（997）前稱達藝控股，2012 年由李偉斌以 2.3 億元代價收購公司的 70.53% 股權，同時間以實物分派的形式分派股份給股東。

集團建議重組及實物分派私人公司股份，實物分派有如將原有公司的殼肉清走，有進行全購的時侯有可能會一併進行，公司進行實物分派很有可能是賣殼的前奏。

達藝
DECCA
DECCA HOLDINGS LIMITED
達 藝 控 股 有 限 公 司 *
(於百慕達註冊成立之有限公司)
(股份代號：997)

(1)建議集團重組及實物分派私人公司股份
(2)建議劃撥本公司股份溢價及儲備賬之進賬款項以進行實物分派
(3)特別交易／獲豁免持續關連交易
及
(4)建議更改公司名稱

說到這裡要約可分為兩部分

(1)全購要約

(2)私人公司要約

全購要約

是新主以既定價格用現金跟股東收購所持有的股權，在公佈全購要約後，根據公司收購及合併守則第 8.2 條，要約綜合文件須於刊登要約條款的公佈日期起計 21 天由要約人或其代表寄發。

而當中亦有留意要約有否其他先決條件，如果先決條件未能在要約在載明的日期前完成，全購要約將會因先決條件未能達成而終止，而在綜合文件內會註明開始接納要約接納的日期及截止日期。

在於私人要約而言

被全購進行要約的上市公司可能有部分業務或資產隸屬於子公司，而新主未必想將公司其他資產一併買入，所以要將集團先進行內部重組，把一些原有舊主的資產或附屬公司從上市公司之中剝離，而被剝離的部分本身屬於原有公司股東的資產，但由於經重組分拆而不再成

為上市公司的資產，所以在要約前以實物分派形式按比例將私人公司股份給回舊主及原有股東。

實物分派亦可用作派發特別股息，然後舊主根據收購守則基準作出私人公司要約為私人公司股東提供變現股權之機會，而事實上雖然獨立為兩份全購要約，但股東實則所收到的價錢是兩份要約的總和，對股東而言亦是屬於一個公平的做法。

對於新主而言，分派後上市公司的淨資產值降低，用於進行全購的金額將會減少，有助舒緩新主的財務壓力，亦無須將不必要的資產一併買下，精簡公司的架構亦方便將來注入資產。對於舊主而言，分派後原有經營的業務仍在，有如將業務獨立分拆，令其價值得到釋放，待數年後可以將公司重新再包裝上市，而且可用較大折讓的價錢向股東收購私人公司股權，因為無上市地位不能作獨立出售，所以小股東亦只能夠屈服。

低於全購價值博率高

而全購要約當中指定的全購價，可以作為判斷在公佈要約後是否值得買入。

因為全購價可視為新主的成本價，如果在接納要約期間股價跌穿全購價，就是一個確立買入股票的訊號，絕大的情況是在公司宣佈易手前股價已經炒高，公佈要約資料後會有資金獲利令股價造成沽壓，股價會出現短暫的震盪，從而讓我們可以捕足一個買入的機會。

假若在要約期間股價仍然低於全購價，便可將股票售回給新主套現，試想新主要動用數億元去買入一隻殼，而且用一個合理的價錢作出全購，其背後的資金相對會充裕，最重要的當然是留意新主的背景，因為對之後股價表現有很大的參考作用。

通常筆者會傾向在全購價附近買入持有，好多朋友認為全購完成之後股價隨即會炒上，但其實不是必然的，當中視乎新主屬於甚麼人士，如果新主在市場上已經有多隻殼，或者屬某些派系集團的關鍵人士，可以從之前買殼的過程去推測股價爆發的時間。如果公司的管理層引入財技高手，當然亦會加速股價炒上的節奏。

全購完成後李偉斌正式入主達藝控股，並將公司易名為普匯中金國際(997)。在 2015 年公司提出了一項重大收購，以總代價 8 億元收購一間控股公司的股權，該公司持有於西安市大明宮建材家居的一幢商業大樓及一幢未發展面積約 119,000 平方米之土地，商業大樓為一幢九層的綜合購物中心，位置座落於西安市的黃金地段，商業大樓的鋪位出租率達到 90%，收購後其租金收入為普匯中金國際帶來穩定的現金流，而商業大樓的租金亦增加物業投資所產生的收益，將租金收入入賬後公佈的中期業績轉好。

隨後以每持有 1 股供 5 股的形式進行供股，通常供股的股份筆者都會特別留意，因為供股有太多玩法包括供乾、供錢、供大及供賣殼，見到供權除權後首兩天股價明顯炒高，皆因除權後出現一個真空期令流通的股票大減，變相亦令炒家有一個借勢炒作的機會，因為所供股的比例屬於大比例，所以預期散戶所跟供的情況不大，而且股價長時間大幅走低，基本上持貨的散戶大部分已經離場。

最近公司建議以每 25 股合併為 1 股股份，當時主席李偉斌持有公司 53.70% 股權，合股後相信會令貨源更加歸邊，並同時更加每手的買賣單位，但以合股比例計算必然會產生碎股，所以幕後人的目的明顯逼使散戶離場，有助將來炒作的時侯相對沽壓亦較少，筆者於合股前以每股 0.038 元買入，最終持貨一個月時間股價有近一倍的升幅。

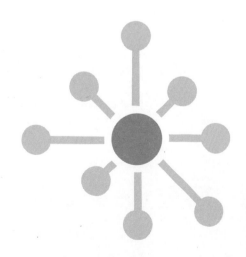

全購還是私有化？

TAIWAN CEMENT CORPORATION
（台灣水泥股份有限公司）
（於台灣註冊成立之股份有限公司）

TCC INTERNATIONAL HOLDINGS LIMITED
台泥國際集團有限公司
（於開曼群島註冊成立之有限公司）
（股份代號：1136）

TCC INTERNATIONAL LIMITED
（於英屬維爾京群島註冊成立之有限公司）

聯合公告
(1)台灣水泥股份有限公司及 TCC INTERNATIONAL LIMITED
根據開曼群島公司法第86條建議以協議計劃方式私有化
台泥國際集團有限公司
(2)建議撤回上市
(3)成立獨立董事委員會
及
(4)股份恢復買賣

台灣水泥股份有限公司及 TCC International Limited 之財務顧問

　　台泥國際集團（1136）於 2017 年 4 月公佈，要約人要求董事會向股東提出建議以協議計劃方式將公司私有化，於生效日期後撤回股份於聯交所上市，上市公司隨後將成為要約人之全資附屬公司。

作出私有化的形式

私有化主要由控股股東提出，向其他小股東買入他們所持有的股份。如私有化成功，上市公司會向香港聯合交易所有限公司申請撤銷上市地位。上市公司私有化涉及上市規則、公司收購及合併守則及公司註冊地的當地法例。

私有化分為兩種形式

兩種私有化方法

1. 全面收購

2. 協議安排

全面收購是控股股東可向所有股東提出全面收購的建議，以收購他們的股份。

為保障小股東權益，需透過股東大會決議通過，當控股股東與一致行動的人士在提出收購建議時取得 90% 股權，便有權可以選擇強制收購餘下的股份。

協議安排是控股股東要求公司向股東提出協議安排，建議註銷所有小股東持有的股份。有關的協議安排必須根據公司成立所在地的公司法執行，並由所有股東投票決定，如協議獲得通過小股東所持有的股份將被註銷。

通過協議安排需要滿足兩個條件

出席會議的獨立股東中投票權至少 75% 的票數投票批准

投票反對決議的票數不得超過所有獨立股東投票權的 10%

　　要約完成後若滿足私有化條件，則可以按《上市規則》第 6.15 條向聯交所申請撤銷股份上市地位，即退市完成私有化。

上市公司作出私有化原因

主要原因是：

- 香港 H 股上市的股價估值過低，未能反映業務及資產價值

- 於聯交所除牌後可以轉移至內地 A 股市場重新上市

- 整合集團的業務營運及長期戰略發展

　　私有化對小股東而言都會有相當的好處，為使私有化成功，作價一般會較公佈前股價有溢價，而股東亦可以藉私有化消息獲利，因為私有化的作價，自然影響到最後能否成功。通常於私有化消息公佈後翌日股價理應炒上，若當時股價跟私有化作價有超過 5% 以上的折讓才值得考慮買入。

　　當然私有化建議未必一定能夠成功，因為每個小股東買入公司股票的股價不同，在各自利益的大前題下未必會全部投票贊成。由於控股股東及一致行動人士就須就股東大會議案放棄投票，所以小股東的表態十分重要，有時上市公司更會委託第三方代為持股進行投票，為的就是讓私有化議案能夠順利通過。股東大會通過私有化

安排後，有關安排須再提交公司成立所在地的法院審批。
經法院批准後，上市公司便可向聯交所申請除牌。

創業板轉主板的契機

　　截至 2017 年 7 月底合共有 302 間創業板上市的公司，其實有一些創業板的公司筆者留意到 IPO 上市的時候符合主板上市的條件，但他們選擇以創業板作為第一上市途徑，主因在於創業板股票允許以配售形式上市，所以在股權分佈上較為集中，由上市一刻到轉板申請都是維持貨源歸邊，導致在成功轉板後股價往往會被炒高。一來是要追回主板殼價的差距；二來是當公司在創業板上市時無出現大炒那豈能收回上市成本；如果我們細心觀察會發現為數不少創業板公司的盈利要求足夠轉主板的申請，當中這類股票的投資風險甚少而且當成功轉板後股價會有非常可觀的升幅。

FDB Holdings Limited
豐 展 控 股 有 限 公 司
（於開曼群島註冊成立的之有限公司）
（創業板股份代號：8248）

建議由香港聯合交易所有限公司
創業板轉往主板上市

本公告乃根據創業板上市規則第9.26條及第17.10(2)(a)條及內幕消息條文而作出。

董事會欣然宣佈，本公司已於二零一七年三月二十一日根據主板上市規則第9A章就建議股份由創業板轉往主板上市向聯交所提交正式申請。

　　豐展控股（1826）前上市編號為（8248），於今年3月向聯交所提出轉主板申請，觀乎公司最近三個財政年度的盈利分別為 1,900 萬港元、1,500 萬港元及 3,100 萬港元，以盈利狀況來說足以符合轉主板的條件，而亦有信心股價在成功轉板後將會有明顯的升幅，所以當時以每股 0.325 元買入，最終歷時三個月轉往主板後股價最高見每股 0.46 元，對比筆者當時的買入價超過 40% 升幅。

細價股的投資去向

筆者一直鍾情於研究細價股，祇因為細價股相對大價股而言有更大的潛在升幅空間，特別遇上市況不明朗，投資於大價股往往帶來更嚴重的損失，細價股而言市值相對偏細，投資上進可攻退可守，當公司市值比殼價存在折讓，又或者股票已經貨源歸邊，都是挑選有潛質細價股其中的因素。

細價股的特點在於在爆升的時候速度夠快，只要能夠掌握某些莊家連帶控制的一些股票，當市場上某莊家的一隻股票上升就能夠牽連其他細價股的炒作，所以當市場熱炒某一類股票，背後其實有相關原理，當然筆者不能在書上太深入剖白當中情況，但洞悉到主流莊家在市場上的炒作模式，只要順勢跟隨買入，很容易獲得可觀的升幅。

路逍遙對於不同派系所互相持有的股票都有研究，亦精於去預測一些潛在爆升股應有的特質，當你所得到的資訊越多，越了解整個金融圈的運作模式，自然能夠大大提升買入股票的勝算，有機會筆者會舉辦分享會與各位詳談。

後記

　　寄望各位讀者在閱畢《爆股策略王》路逍遙的著作後在投資道路上能夠暢通無阻，筆者花了極多的心血時間整合及編寫這本書籍的內容，期望能夠給大家帶來自己在投資上的心路歷程以及個人對股票獨有的見解，在股市上可以隨時運用而又能輕易操作的炒股模式，配合不同的實例驗證，從而捕捉一些獲利機會。

　　路逍遙在往後的日子將會專注在投資教育上面，公開教授一系列的股票課程，以自身的影響力去作更多的分享，為各位支持者創造一個更豐厚的投資回報組合。

　　最後祝願各位讀者所持有的股票皆能長升長有。希望此本著作能夠成為你們在投資路上的的心靈雞湯！

2017 年潛力爆升新股名單

上市公司	行業類型	股價
民生教育 (1569)	教育服務	1.24
進階發展 (1667)	建築工程	0.32
中漆集團 (1932)	工業用品	0.53
恆智控股 (8405)	安養護老	0.85
亞洲雜貨 (8413)	零售貿易	0.24
瑞強集團 (8427)	電訊器材	0.82
高科橋 (8465)	電信光纜	2.04
立高控股 (8472)	衛生服務	0.56

爆股策略王

作　　　者： 路逍遙
編　　　輯： Angela
封 面 設 計： Steve
排　　　版： Leona
出　　　版： 博學出版社
地　　　址： 香港香港中環德輔道中 107-111 號
　　　　　　 余崇本行 12 樓 1203 室
出 版 直 線： (852)8114 3294
電　　　話： (852)8114 3292
傳　　　真： (852)3012 1586
網　　　址： www.globalcpc.com
電　　　郵： info@globalcpc.com
網 上 書 店： http://www.hkonline2000.com
發　　　行： 聯合書刊物流有限公司
印　　　刷： 博學國際
國 際 書 號： 978-988-78016-1-0
出 版 日 期： 2017 年 9 月
定　　　價： 港幣 $98

Published and Printed in Hong Kong

如有釘裝錯漏問題，請與出版社聯絡更換。

 facebook.com/globalcpc